CONSCIENTIA

VOL. 25 – SUPPLÉMENT 1 – SEPTEMBRE – 2021

Technical-Scientific Publication of Conscientiology
Publicación Técnico-Científica de Concienciología

Conscientia

Publication technico-scientifique de la conscienciologie

VOLUME 25 Supplément 1 Septembre 2021

Éditorial
Édition spéciale en Français

Début. En 1998, je travaillais comme bénévole à l'*Instituto Internacional de Projeciologia e Conscienciologia* - IIPC à São Paulo (Brésil), quand une première invitation à traduire le glossaire de différents traités de la conscienciologie et ses néologismes s'est présentée à moi de la part de la professeure de conscienciologie Pilar Alegre, car c'était son idée de créer un *glossaire universel,* contenant plusieurs langues, dont le Français.

Avenir. À l'époque, il ne me venait pas à l'esprit la possibilité de ce que nous avons pu accomplir aujourd'hui, en 2021, après plus de 20 ans, dû aux efforts de l'équipe intraphysique et extraphysique, ayant un rapport avec l'holopensene Français ; subséquemment à une seconde invitation, à présent celle du *conseil éditorial,* le résultat est donc cette édition spéciale de la revue *Conscientia,* une publication technico-scientifique, depuis 1997, pour la diffusion de la conscienciologie.

Pandémie. Maintenant, la joie d'avoir accompli une telle tâche est incommensurable quand nous pensons à la spécificité du processus d'écrire, réviser et imprimer en pleine pandémie de *Covid-19,* et surtout de s'engager encore une fois à l'égard de la *maxiproéxis,* qu'est l'expansion de cette *néo*science.

Pionnière. Nous ne pouvons pas oublier la *force pionnière* de cette publication en Français et son objectif de bâtir des *ponts de lucidité et compréhensibilité* pour tous les intéressés à la conscienciologie et au paradigme conscientiel, en diffusant ses savoirs et connaissances.

Contenu. Cette première revue en Français contient sept articles, deux récits et un entretien comprenant certaines *sous-spécialités* de la conscienciologie, décrites ci-dessous par ordre de publication dans ce numéro.

Autoconscienciothérapie. Le professeur et pneumologue Marco Antônio Almeida nous présente la *conscienciothérapie,* discipline spécialisée dans la promotion de l'autoguérison et centrée autour des concepts d'égocide évolutif, d'intelligence autoconscienciothérapeutique et dans le renforcement de l'altruisme et de la capacité d'assistance de la conscience.

Recexologie. La Professeure Aden Pereira écrit sur son processus d'amélioration communicative, l'autogestion et le rôle de l'autoentrepreneuriat communicatif. Elle nous apporte des techniques personnelles pour propulser le processus évolutif égo et groupekarmique.

Communicatiologie. La linguiste Ana Seno fait un parallèle entre la communication complexe et la pensénisation, en analysant leurs complexités particulières, et nous apporte une analogie des idées de la pensée complexe selon Morin, appliquées à la communication évolutive.

Parapoliticologie. Le biochimiste et traducteur Marcelo Rouanet nous propose une analyse dans le contexte de la politique contemporaine en considérant la transmission et l'interprétation des faits et leurs relations entre la communication et l'éducation sous une approche parapolitique.

Conflitologie. Cet article où je présente la face cachée des conflits, inconnue et méprisée par les chercheurs matérialistes, nous montre que les conflits doivent être étudiés de manière intégrale par les chercheurs de la conflitologie, polémologie et irénologie. Aucune étude dans ces domaines, ne sera la même après l'acceptation de l'incidence multifactorielle des multidimensions et multiexistences sur les processus conflictuels et bellicistes.

Parasociologie. La professeure et sociologue Lília Junqueira s'appuie sur la psychographie *Cristo Espera por Ti,* de la consciex *Honoré de Balzac* pour approfondir les connaissances sur la *néo*specialité parasociologie, à travers laquelle nous pouvons élargir notre paraperception des trajectoires évolutives, de l'autocognition, de la cosmoéthique, de l'interassistance qualifiée et de la cosmovisiologie.

Autorecherchologie. Le professeur Luís Fabiano Cerqueira Cantarin contribue avec son autorecherche et ses réflexions à partir du livre *La lucidité* de l'écrivain portugais José Saramago. Il nous invite à l'autoréflexion sur les valeurs humaines, nos rigidités et la qualité saine d'auto et hétéro-convivialité.

Paraphénoménologie. L'ingénieur et professeur Henrique Monferrari écrit sur la précognition et le conséquent contournement d'un accident automobile. La prudence et la valorisation du parapsychisme personnel furent importantes pour prévenir ce potentiel incident.

Parapercepciologie. La psychologue Malu Lindemann nous montre l'importance de l'auto-observation et des prises de notes systématiques après des extrapolations parapsychiques et inspirations extraphysiques, ce qui a déclenché en elle un changement et un recyclage personnel pour une nouvelle stratégie de vie qui s'est mis en marche.

Sériexologie. Le médecin, professeur et auteur du traité *Seriexologia,* Pedro Fernandes répond à 20 questions fondamentales au sujet de la conscienciologie et une de ses sous-spécialités, la sériexologie, la néoscience des vies passées. En expliquant qu'est-ce que la sériexologie, comment s'en souvenir des vies passées, les bénéfices de connaître le passé, par où commencer notre recherche personnelle, qu'est-ce que la personnalité consécutive, et plusieurs autres questions importantes sur cette matière.

Glossaire. À la fin de cette édition, les lecteurs trouveront un *glossaire* avec les néologismes employés par la conscienciologie, pour une meilleure compréhension des idées. Nous remercions fortement l'auteure Sandie Gustus et son éditeur français du livre *Expérience hors du corps - un outil puissant pour explorer la vraie nature de la conscience,* des *Éditions Exergue,* par son altruisme et cession d'une partie du glossaire en français, auquel ont été ajoutés d'autres termes spécifiques de cette publication.

Pluridisciplinaire. Dans ce présent numéro, nous soulignons le caractère pluridisciplinaire, les méthodologies, les paratechnologies qui ont été privilégiés dans les articles et qui rapportent en soi les bases du paradigme conscientiel.

Débat. L'objectif est toujours l'échange, le débat, l'ouverture d'esprit, l'avant-garde, les *néo*idées, l'effort de réflexion, l'évolution de la science, qui seront mis en avant dans la communauté des *chercheurs de la conscience*.

Remerciements. Nous remercions vivement Nilse Oliveira, responsable de l'éditorial, pour son invitation, le travail minutieux de la commission de révision de la langue Française composée par Ana Seno, Marcelo Rouanet et Michèle Nahas Portela, les auteurs par leurs précieuses contributions, les bienfaiteurs extraphysiques pour leur support et toute l'équipe de la revue *Conscientia.*

Héritage. Un remerciement spécial au Professeur Waldo Vieira *(in memoriam),* médecin qui a proposé la projectiologie et la conscienciologie, exemple de chercheur lucide et interassistanciel, par son héritage intellectuel.

Domaine. Nous espérons sincèrement que ces articles puissent mener à des réflexions, des nouvelles questions ou même une *curiosité saine* de vouloir connaître et s'ouvrir à un domaine d'études si anciennes, mais dorénavant sous une nouvelle perspective scientifique, en dépassant les limites du matérialisme, mais hélas, demeurant encore inconnue de nos jours, pour la plupart de l'humanité.

Soyez les bienvenus !

Jacqueline NAHAS
Bénévole de la conscienciologie en France
Courriel : jnahas29@gmail.com

Conscienciothérapie : la science de l'autoguérison

Conscientiotherapy: The Science of Self-cure

Conscienciotérapia: A Ciência da Autocura

Marco Antônio Almeida*

* L'auteur est pneumologue. Conscienciothérapeute depuis 2003 et résident bénévole au campus de l'*Organização Internacional de Conscienciotérapia* (OIC). Auteur de plusieurs articles encyclopédiques dans l'*Enciclopédia da Conscienciologia et d'articles sur la conscienciologie.*

marco_af_almeida@yahoo.com.br

Mots-clés
Assistance
Autoguérison
Autorecherche
Conscienciothérapie

Keywords
Assistance
Conscientiotherapy
Self-cure
Self-research

Palavras-chave
Assistência
Autocura
Autopesquisa
Conscienciotérapia

Résumé :

Ce texte présente des aspects introductifs de la *conscienciothérapie*, un sous-domaine de la *conscienciologie* spécialisé dans la promotion de l'autoguérison selon le paradigme consciencial. La proposition actuelle est soutenue par l'expérience cumulée de cet auteur dans deux scénarios conscienciothérapeutiques : l'autorecherche et l'hétérorecherche. L'hypothèse soulevée dans cet article est que la recherche autoconscienciothérapeutique centrée sur l'immaturité et les traits faibles personnels sont des éléments importants pour refroidir l'égoïsme et, secondairement, renforcer l'altruisme et la capacité d'assistance de la conscience. Avec cela, les concepts *d'égocide évolutif* et *d'intelligence autoconscienciothérapeutique* y sont abordés. L'objectif de ce travail est de fournir des outils utiles à l'identification des troubles, avec le renforcement du recyclage personnel face à une certaine pathologie, en rationalisant ainsi le dépassement de soi évolutif. Finalement, cet article renforce la pertinence du thème pour tous les intermissivistes intéressés à déconstruire les comportements personnalistes et immatures et à constituer une personnalité entièrement dédiée à l'assistance mentalsomatique parapsychique.

Abstract:

This text presents introductory aspects of *conscientiotherapy,* a subfield of *Conscientiology* specialized in promoting self-cure according to conscientral paradigm. The current proposition is supported by the accumulated experience of this author in 2 conscientiotherapy scenarios: self-research and hetero-research. The hypothesist raised up in this article is that individual conscientiotherapy research centered on immaturity and personal weak traits are important elements for cooling selfishness and, secondarily, enhancing altruism and the assistential ability of conscience. Additionally, the concepts of *Evolutionary Egocide* and *Self-Conscientiotherapy Intelligence* are addressed. The objective of this work is to provide useful tools in the identification of disorders and in the strengthening of personal recycling in face of a given disease, thus streamlining evolutionary self-overcoming. The conclusion of this article reinforces the relevance of the theme for all intermissivists interested in deconstructing personalist, immature attitudes, and in raising a personality entirely dedicated to parapsychic mentalsomatic assistance.

Resumo:

O presente texto apresenta aspectos introdutórios da Conscienciotérapia, subcampo da Conscienciologia especializado na promoção da autocura segundo o paradigma consciencial. A atual proposição é sustentada na experiência acumulada deste autor em 2 cenários da Conscienciotérapia: a autopesquisa e a heteropesquisa. A hipótese trazida neste artigo é de as pesquisas individuais conscienciotérápicas centradas nas imaturidades e traços-fardo pessoais (trafares) serem importantes elementos de arrefecimento de egoísmo e, secundariamente, potencializadores do altruísmo e da habilidade assistencial da consciência. Adicionalmente, são abordados os conceitos de *Egocídio Evolutivo* e *Inteligência Autoconscienciotérápica.* O objetivo deste trabalho é fornecer ferramentas úteis para a identificação de pertúrbios e para o fortalecimento da reciclagem pessoal frente a determinado travão, dinamizando, deste modo, as autossuperações evolutivas. A conclusão reforça a importância do tema a todos intermissivistas interessados

Article reçu le : 31.08.2020.
Approuvé pour la publication le : 10.08.2021.

em desconstruir atitudes personalistas e imaturas e reconstruir uma personalidade inteiramente dedicada à assistência mentalsomática parapsíquica.

Introduction

Présentation. Cet article présente des aspects théoriques et pratiques de la *conscienciothérapie,* un sous-domaine spécifique de la *conscienciologie,* spécialisé dans la promotion de l'autoguérison par l'utilisation de techniques dérivées du paradigme conscientiel.

Autoguérison. Selon la *thérapeuticologie,* l'autoguérison est la rémission personnelle des perturbations, pathologies ou dysfonctionnements de la conscience.

Recyclage. Important but évolutif du chercheur de la *conscienciologie,* en tant qu'assistant parapsychique, est la réalisation simultanée de la déconstruction technique des immaturités personnelles et du renforcement maximum des traits personnels plus sains. Cette autoreconstruction de sa propre personnalité avec des caractéristiques plus distributives, c'est-à-dire, plus capable de clarifier à haut niveau et de l'interassistance, est la base du recyclage intraconscientiel.

Hypothèse. L'hypothèse apportée dans cet article est que les recherches individuelles conscienciothérapeutiques axées sur les immaturités et traits faibles personnels sont des importants éléments d'affaiblissement de l'égoïsme et, secondairement, de renforcement de l'altruisme et de la capacité d'assistance de la conscience. Ainsi s'établi la capacité individuelle de pratiquer *l'Égocide Évolutif* et *l'Intelligence Autoconscienciothérapeutique* avec la capacité interassistencialle de l'intermissiviste.

Objectif. L'objectif de ce travail est de fournir des idées utiles à l'identification des maladies conscientielles et au renforcement du recyclage personnel face à un obstacle déterminé, en dynamisant, de cette façon, les dépassements évolutifs personnels.

Méthodologie. La méthodologie de recherche se compose par l'expérience cumulée de l'auteur sur deux contextes d'action, énumérées ci-dessous par ordre alphabétique, dans l'univers de la *conscienciothérapeuticologie :*

1. **Autoconscienciothérapie :** le mouvement d'autorecherche conscienciologique de 2001 jusqu'à présent (année-base 2020).

2. **Conscienciothérapie Paraclinique :** le travail bénévole ininterrompu en tant que conscienciothérapeute à l'*Organização Internacional de Conscienciotерapia* (OIC), de 2003 jusqu'à présent.

Divisions. Cet article se divise en 3 parties, listées par ordre fonctionnel :

1. **Paradigme Conscientiel.**
2. **Autothérapeutique.**
3. **Hétéroassistance.**

I. Paradigme Conscientiel

Paradigme. Le *paradigme conscientiel* est le modèle ou *la loupe* à travers laquelle le chercheur de la conscienciologie observe, dissèque, envisage et étudie sa propre réalité ou celle d'autrui, afin de collecter des éléments pour l'analyse la plus intégrale et complète possible, donc, agrandir le discernement et la vision de monde personnelle.

Conscienciologie. Il faut souligner, ainsi, la considération analytique exhaustive et détaillée de l'objet d'étude, soit la réalité intime de la propre conscience ou la réalité extérieure du monde qui l'entoure. Cette approche transcendantale est susceptible d'élargir questions et réflexions habituellement ignorées par la science conventionnelle limitée au monde des électrons.

Paramètre. Dans la perspective de la *conscienciothérapie*, sous-domaine de la *Conscienciologie* spécialisée en techniques promouvant l'autoguérison, l'évaluation du binôme santé-maladie de la conscience est démarquée en paramètres diagnostiques et thérapeutiques spécifiques, par exemple, les sept éléments ci-dessous (Lopes et Takimoto, 2007, p. 18) :

1. **Bioénergétique.** L'équilibre des énergies conscientielles, élément représentatif du niveau d'évolution de la conscience.
2. **Cosmoéthique.** La maturité traduite par le niveau d'éthique et de moralité selon la norme de conduite des sphères de vie extraphysique.
3. **Multidimensionnalité.** L'ensemble de pensées, sentiments et énergies (pensenes) manifestés au-delà de la dimension physique, humaine et matérielle.
4. **Multiexistentialité.** La sagesse d'assistance construite dans les existences intraphysiques successives.
5. **Multivéhicularité.** L'homéostasie de la conscience en ne considérant pas seulement le corps physique (soma), mais aussi les corps bioénergétique (énergosoma), émotionnel (psychosoma) et mental (mentalsoma).
6. **Projectabilité Lucide.** La lucidité pratique à propos de la vie multidimensionnelle, sur le phénomène de la projection lucide.
7. **Universalité.** Le sens d'intégration global et fraternel pour les consciences.

Complétude. Dans la perspective de la *parasémiologie*, la conscientisation de ces divers éléments, au-delà de la considération seulement physique, psychique ou affective-émotionnelle, permet une évaluation plus proche de la réalité complexe de la conscience.

Réalités. De plus, cette enquête conscientielle large et sans restriction est passible d'inclure aussi les quatre réalités complexes suivantes :

1. **Holosoma.** L'étude technique pas seulement du corps humain (soma), mais aussi des trois autres véhicules de manifestation de la conscience intraphysique: énergosoma, psychosoma et mentalsoma.
2. **Paragénétique.** L'approche pas restreinte aux aspects inhérents à la biologie, mais aussi à la paragénétique soutenant la biographie multimilénnaire de la conscience, ou l'holobiographie.
3. **Holomémoire.** La recherche pas restreinte à la mémoire humaine conventionnelle, mais aussi de l'holomémoire, par des rétrocognitions des rétrovies et des rétrocorps.
4. **Multidimensionnalité.** Le sondage pas restreint à la dimension intraphysique, mais aussi des multiples dimensions extraphysiques où la conscience est capable de se manifester.

Contexte. Naturellement, la proposition de recherche de la conscience est difficile pour exiger une vision panoramique élevée, association pointue des faits et des idées, de discernement et perspicace, au-delà des limites conventionnelles.

Santé. Selon l' *homéostaticologie*, la santé humaine est étudiée en tant qu'état de la condition du bien-être physique, mental, social et parapsychique complet, pas seulement l'absence de maladies ou infirmités.

Autoévaluation. Conformément à l'*autoconsciencìométrologie*, voici cinq paramètres d'autoévaluation concernant la santé personnelle, des vrais défis évolutifs aux recherches de l'autoconscienciothérapie (Vieira, 2014, p. 624) :

1. **Santé somatique :** l'autodisposition.
2. **Santé énergosomatique :** l'automégaeuphorisation *(voir le glossaire à la fin de la revue).*
3. **Santé psychosomatique :** la mégafraternité *(voir le glossaire).*
4. **Santé mentalsomatique :** l'autodiscernement.

5. **Santé holosomatique :** la sérénologie *(voir le glossaire).*

Dysfonctionnements. Les dysfonctionnements de la conscience, étudiée de manière intégrale, sont passibles de rémission grâce à des techniques conscienciologiques exhaustives. L'autoguérison de blessures personnelles, quand accomplie par la propre conscience, mènent l'individu à une amélioration physiologique et paraphysiologique, en redimensionnant le modèle personnel de santé conscientielle.

Génération. De plus, il importe de souligner le principe conscienciologique où la plupart des maladies conscientielles sont gérées par l'égocentrisme malsain, c'est-à-dire, des nuances d'actions excessivement égocentrées. Ce n'est pas faux de généraliser, ainsi, la vision de l'égoïsme en tant que mère des pathologies humaines.

II. Égocide Évolutif

Égocide. L'*égocide évolutif* est l'autoguérison de l'égocentrisme pathologique et de l'exclusivisme autocentré manifesté dans la vie de la conscience.

Neutralisation. Les tendances instinctives de l'égoïsme se caractérisent, parmi d'autres, par la soumission personnelle au besoin de satisfaction des caprices et pour l'excès pathologique d'autoréférencement dans les expériences de la vie. La neutralisation technique et progressive de telles propensions nosographiques est une caractéristique des consciences plus lucides de l'échelle évolutive.

Sortie. Sortir de soi-même et des tendances excessivement autociblées, en cherchant à établir des dynamiques relationnelles donatrices, prévoit, surtout, la condition d'évolution en tant que synonyme d'interassistance.

Rétroalimentation. Deux volets se rétronourrissent dans la pratique de l'autoconscienciothérapie pour l'évolution assistancielle et conscientielle :

1. **Holopharmacopée.** La pratique d'assistance se caractérise comme une pharmacopée définitive en remédiant à l'égoïsme et en faisant que la conscience sorte d'elle-même et pense aux autres.

2. **Autocritique.** L'autorecherche examine les traits de pathologie qui peuvent anéantir les postures d'assistance.

Minipièce. Nous pouvons déduire, par conséquent, l'importance de l'étude pratique de l'égo dans la condition de minipièce d'interassistance, au lieu de la condition d'être le centre de l'Univers.

Assistance. Autrement dit, la pratique d'assistance parapsychique dans le contexte de la tâche de l'éclaircissement, parmi les tâches libertaires de la conscience, guidée par son expérience d'interassistance, fournit à l'intermissiviste *(voir le glossaire à la fin de la revue)* la possibilité d'autoguérison des traits égocentrés.

Autoguérison. Telle mobilisation lucide de forces évolutives est possible grâce à une série de procédures techniques où la conscience développe des compétences spécifiques pour devenir *parascientifique* et *parathérapeute de soi-même* (Vieira, 2006, p. 16 355).

Maximécanisme. En ce moment, peu à peu, est construite la personnalité, avec de l'abnégation autocritique, ainsi que minipièce du maximécanisme multidimensionnel interassistanciel.

Décentralisation. La conscience intraphysique ne pense pas trop à son propre égo, en sortant de soi-même pour prioriser la vie basée sur la collectivité, sans rien en espérer en retour. Tel phénomène est la décentralisation du moi, car l'individu donne de soi-même, chaque fois plus, pour le bien-être d'autrui.

III. AUTOTHÉRAPEUTIQUE

Autorémission. L' *autorémission conscienciothérapeutique* est la promotion de l'autoguérison partielle ou totale, réalisée par le propre individu en tant que parathérapeute de soi-même, face aux pathologies et parapathologies diagnostiquées et surmontées à travers des techniques conscienciologiques génératrices de l'homéostasie personnelle (Almeida, 2012, p. 4 036).

Holosomatique. Les guérisons et rémissions de la conscience se présentent toujours de manière singulière, d'après le contexte évolutif. Cependant, nous pouvons disséquer, par ordre fonctionnel, quatre types d'autorémissions, selon la prédominance du véhicule de manifestation :

1. **Somatique :** la capacité d'autoguérison des traits faibles ou traits-fardeaux (traf*a*rs) du corps physique.
2. **Énergosomatique :** la capacité d'autoguérison des traf*a*rs du corps bioénergétique (énergosoma).
3. **Psychosomatique :** la capacité d'autorémission des traf*a*rs du corps émotionnel (psychosoma).
4. **Mentalsomatique :** la capacité d'autorémission des traf*a*rs du corps mental (mentalsoma).

Forces. Sous la perspective de la *chronémique*, deux forces distinctes sont passibles de promouvoir l'accélération autoconscienciothérapeutique du chercheur-évolutient *(voir le glossaire à la fin de la revue)*, décrites par ordre fonctionnel :

1. **Présent :** la saturation au constat de l'autoréalité pathologique actuelle.
2. **Futur :** l'inspiration par la perspective de l'autoréalité homéostatique future.

Recoupement. En conformité à l'*autoconscienciométrologie*, voici le recoupement de dix éléments caractéristiques de l'autorémissibilité contre l'antirémissibilité, décrites en ordre alphabétique (Almeida, 2012, p. 4 038) :

01. **Auto-organisation génératrice de crises *versus* une fraude de l'autodiagnostic.**
02. **Bilan autoconscienciothérapeutique *versus* le vol thérapeutique à l'aveugle.**
03. **L'eudémonie autoconscienciothérapeutique *versus* la traumasthénie conscientielle.**
04. **Fermeté résolutive de trouble *versus* la tiédeur résolutive de trouble.**
05. **L'inquiétude homéostatique *versus* l'anxiété évolutiophobe.**
06. **Audace rationnelle autoprescriptive *versus* la timidité dans la recherche de solutions.**
07. **Persistance de l'autoaffrontement *versus* le découragement face aux difficultés.**
08. **Plan d'action autochirurgique *versus* plan d'action palliatif.**
09. **Prédominance coronochakrale *versus* la prédominance ombilicochakrale.**
10. **Théorie et pratique de l'autosurveillance permanente *versus* impatience infantile face aux rechutes.**

Amélioration. Il est important de souligner l'autoguérison ou autorémission en tant qu'élément lié à une compétence évolutive spécifique, passible de formation et amélioration constante. C'est-à-dire, il est possible d'améliorer sans arrêt sa propre performance avec la promotion d'autoguérisons.

Intelligence. Selon *l'autocogniciologie, l'intelligence autoconscienciothérapeutique* est la capacité et la compétence de l'autodiscernement de la conscience quant à la promotion de l'autoguérison (Almeida, 2014, p. 12 817).

Questionnement. À titre d'autoexpérimentation, voici une liste des autoquestionnements passibles de l'utilisation de l'analyse judicieuse du chercheur sur la réalité personnelle et sur la discrimination du niveau de la prédisposition à 10 recyclages personnels, élément important de *l'intelligence autoconscienciothérapeutique* pratique (Almeida, 2014, p. 12 819) :

01. **Attention aux *inputs* thérapeutiques *versus* l'inquiétude aversive antithérapeutique.**

02. **L'auto-organisation de crises saines *versus* l'avortement de crises de croissance.**

03. ***L'autoreconstruction cosmoéthique versus le maintien de l'autocertitude fossilisatrice.***

04. **L'autosurveillance ininterrompue *versus* l'autodésistance face à des rechutes pathologiques.**

05. **La dédramatisation de la blessure personnelle *versus* la surestimation émotionelle face à l'autodiagnostic.**

06. **L'eudémonie autoconscienciothérapique *versus* la traumasthénie conscientielle.**

07. **L'iconoclastie autodirigée *versus* le conservantisme de l'image de soi.**

08. **La logique autonormative *versus* la banalisation de l'autodiagnostic.**

09. **La prospection de nouveaux recyclages personnels *versus* la nostalgie des succès passés.**

10. **La rationalité autocritique cosmoéthique *versus* la rationalisation pathologique.**

Traits-fardeaux (traf*a*rs). Conformément à la *mentalsomatologie,* l'intelligence autoconscienciothérapeutique se manifeste, dans la pratique, à partir de la complexité efficace avec laquelle la conscience établit des actions prescriptives spécifiques pour ses propres traits-fardeaux (traf*a*rs). C'est-à-dire, l'élimination pratique des auto-immaturités et la qualification technique dans la thérapeutique des autopathologies.

Définition. « L'action *trafaricide* est l'acte d'éliminer les traits-fardeaux, irrationalités ou troubles conscientiels par l'autoconscienciothérapie » (Almeida, 2013, p. 171).

Professionnalisation. D'après la *thérapeuticologie,* la planification détaillée de l'autoprescription est une étape importante pour la professionnalisation autoconscienciothérapique, passible de réalisation, par exemple, à travers la compréhension de dix aspects référents à l'action sur les traits-fardeaux, énumérés par ordre alphabétique :

01. **Anticipation :** la prévision calculatrice du contexte externe défavorable.

02. **Autoexpériences :** un aperçu du succès à partir des expériences personnelles.

03. **Durée :** le temps suffisant aux autoaffrontements.

04. **Fréquence :** la régularité idéale des recyclages.

05. **Hétéro-observation :** l'apprentissage par l'hétéro-observation.

06. **Idiosyncrasie :** les particularités des actions des traits-fardeaux d'après le caractère.

07. **Occasion :** l'identification précise de l'opportunité autoévolutive.

08. **Pronostic :** la perspective parathérapeutique personnelle.

09. **Trait-fardeau (traf*a*r) :** la liste des traits-fardeaux limitateurs du potentiel du recyclage intime.

10. **Trait-fort (traf*o*r) :** l'acquisition des traits-forts d'impulsion du changement personnel.

IV. Hétéroassistance

Hétéroassistance. Au-delà de l'analyse réflexive sur la propre condition existentielle promue par le chercheur lui-même, il y a aussi la pratique d'assistance technique de la part de chercheurs bénévoles, autrement dit, sans aucun but monétaire, appelés *conscienciothérapeutes.*

Service. « Le *service conscienciothérapique* est l'action d'assistance réalisée par la conscience conscienciothérapeute, homme ou femme, à l'aide de l'utilisation de méthodes systématisées de prévention de maladies, récupération de l'homéostasie et manutention de la santé intégrale, traduite par des techniques conscienciologiques, bioénergétiques, holosomatiques, multidimensionelles, paradiagnostiques, parathérapeutiques d'aide à l'autoguérison du chercheur » (Almeida, 2017, p. 2 006).

Incomplétude. Selon la *tadelogie*, la spécialité conscienciologique qui étudie la tâche de l'éclaircissement (tade), l'évolution conscientielle est omniprésente. Personne ne se trouve fini ou complet dans l'autodéveloppement conscientiel.

Autofinesse. Par conséquent, le service conscienciothérapique est passible d'aider les évolutients, agents d'autoévolution, à élever le niveau d'autofinesse quant au propre pourcentage de santé conscientielle et aux lacunes d'excellence évolutive personnelles.

Stratégies. Selon la *prospectivologie,* l'autolucidité quant aux méandres et nuances du micro-univers conscientiel permet l'organisation efficace des stratégies d'inversion, sans émotions ou victimisations des traits-fardeaux et la potentialisation, sans triomphalisme ou répartitions des traits-forts.

Tâche. La mission d'assistance du conscientiothérapeute, homme ou femme, est le recyclage existentiel, ou recexis, exercé par l'amplification de la consciencialité, sans hypnoses, endoctrinements, dépendances ou transferts vers l'évolutient, pour que celui-ci puisse guérir.

Conclusion

Spécialité. La *conscienciothérapie* est une spécialité conscienciologique spécialisée dans la réversion des pathologies de la conscience et la promotion de l'autoguérison.

Assister. La thérapeutique de la conscience renforce la compétence d'assistance personnelle par le refroidissement de l'égocentrisme pathologique. De plus, la technique de l'autorecherche transmet la lucidité et l'autoconscientisation des nuances des actions de l'assistant parapsychique.

Holopharmacopée. Par contre, la pratique de l'assistance parapsychique mentalsomatique est l'holopharmacopée définitive, véritable baume qui potentialise la paragénétique de l'assistant, en lui produisant aussi une rétribution d'assistance sous la forme d'autoguérisons complémentaires.

Autoguérison. Selon *l'assistanciologie,* assister est se soigner des dysfonctionnements personnels anti-assistanciels dérivés de l'égoïsme et des autociblages ectopiques.

Cycle. En somme, le cycle vertueux se complète, dans lequel la conscienciothérapie et l'assistance se nourrissent mutuellement, en faisant la conscience exprimer le meilleur d'elle-même en faveur des autres.

Bibliographie spécifique

01. **Almeida,** Marco ; ***Ação trafaricida ;*** article encyclopédique ; dans : **Vieira,** Waldo ; Org. ; ***Enciclopédia da Conscienciologia*** ; prés. par la coordination de l'ENCYCLOSSAPIENS ; révs. de l'équipe des réviseurs de l'ENCYCLOSSAPIENS ; 27 Vols. ; 23 178 p. ; Vol. 2 ; 1 112 citations ; 11 chronologies ; 33 courriels ; 206 055 énus. ; 602 spécialités ; 1 photo ; glos. 4 580 termes (articles encyclopédiques) ; 701 microbiographies ; 270 tableaux ; 702 encyclopédistes ; 28 sites web ; 670 films ; 54 vidéographies ; 1 087 webgraphies ; 13 896 réfs. ; 9e éd. rév. *et augm.* ; *Associação Internacional de Enciclopediologia Conscienciológica* (ENCYCLOSSAPIENS) & *Associação Internacional Editares* ; Foz do Iguaçu, PR ; 2018 ; ISBN 978-5-8477-118-9 ; pages 171 à 175.

02. **Idem ;** ***Atendimento conscienciaterápico ;*** article encyclopédique ; dans: **Vieira,** Waldo ; Org. ; ***Enciclopédia da Conscienciologia ;*** prés. par la coordination de l'ENCYCLOSSAPIENS ; révs. de l'équipe des réviseurs de l'ENCYCLOSSAPIENS ; 27 Vols. ; 23 178 p. ; vol. 4 ; 1 112 citations ; 11 chronologies ; 33 courriels ; 206 055 énus. ; 602 spécialités ; 1 photo ; glos. 4 580 termes (articles encyclopédiques) ; 701 microbiographies ; 270 tableaux ; 702 encyclopédistes ; 28 sites web ; 670

films ; 54 vidéographies ; 1 087 webgraphies ; 13 896 réfs. ; 9e éd. rév. et augm. ; *Associação Internacional de Enciclopediologia Conscienciológica* (ENCYCLOSSAPIENS) & *Associação Internacional Editares* ; Foz do Iguaçu, PR ; 2018 ; ISBN 978-5-8477-118-9 ; pages 2 006 à 2 010.

03. **Idem ; *Autorremissibilidade conscienciοterápica ;*** article encyclopédique ; dans: **Vieira,** Waldo ; Org. ; ***Enciclopédia da Conscienciologia ;*** prés. par la Coordination de l'ENCYCLOSSAPIENS ; révs. de l'équipe des révis. de l'ENCYCLOSSAPIENS ; 27 vols. ; 23 178 p. ; vol. 6 ; 1 112 citations ; 11 chronologies ; 33 courriels ; 206 055 énus. ; 602 spécialités ; 1 photo ; glos. 4 580 termes (articles encyclopédiques) ; 701 microbiographies ; 270 tableaux ; 702 encyclopédistes ; 28 sites web ; 670 films ; 54 vidéographies ; 1 087 webgraphies ; 13 896 réfs. ; 9e éd. rév. et augm. ; *Associação Internacional de Enciclopediologia Conscienciológica* (ENCYCLOSSAPIENS) & *Associação Internacional Editares* ; Foz do Iguaçu, PR ; 2018 ; ISBN 978-5-8477-118-9 ; pages 4 036 à 4 042.

04. **Idem ; *Inteligência autoconscienciοterápica ;*** article encyclopédique ; dans: **Vieira,** Waldo ; Org. ; ***Enciclopédia da Conscienciologia ;*** prés. par la Coordination de l'ENCYCLOSSAPIENS ; révs. de l'équipe des révs. de l'ENCYCLOSSAPIENS ; 27 vols. ; 23 178 p. ; vol. 16 ; 1 112 citations ; 11 chronologies ; 33 courriels ; 206 055 énus. ; 602 spécialités ; 1 photo ; glos. 4 580 termes (articles encyclopédiques) ; 701 microbiographies ; 270 tableaux ; 702 encyclopédistes ; 28 sites web ; 670 films ; 54 vidéographies ; 1 087 webgraphies ; 13 896 réfs. ; 9e éd. rév. et augm. ; *Associação Internacional de Enciclopediologia Conscienciológica* (ENCYCLOSSAPIENS) & *Associação Internacional Editares* ; Foz do Iguaçu, PR ; 2018 ; ISBN 978-5-8477-118-9 ; pages 12 817 à 12 822.

05. **Lopes,** Adriana ; & **Takimoto,** Nario ; ***Teática da Autoconscienciοterapia ;*** article ; ***Anais do I Simpósio de Autoconscienciοterapia da Organização Internacional de Conscienciοterapia (OIC) ;*** Foz do Iguaçu, PR ; 27-28.10.07 ; Revue ; 2 courriels ; 6 énus. ; 2 microbiographies ; 10 réfs. ; *Associação Internacional Editares* ; Foz do Iguaçu, PR ; 2007 ; pages 13 à 22.

06. **Vieira,** Waldo ; ***Autocura ;*** article encyclopédique ; dans: **Vieira,** Waldo ; org. ; ***Enciclopédia da Conscienciologia ;*** prés. par la Coordination de l'ENCYCLOSSAPIENS ; révis. de l'équipe des révs. de l'ENCYCLOSSAPIENS ; 27 vols. ; 23 178 p. ; vol. 5 ; 1 112 citations ; 11 chronologies ; 33 courriels ; 206 055 énus. ; 602 spécialités ; 1 photo ; glos. 4 580 termes (articles encyclopédiques) ; 701 microbiographies ; 270 tableaux ; 702 encyclopédistes ; 28 sites web ; 670 films ; 54 vidéographies ; 1 087 webgraphies ; 13 896 réfs. ; 9e éd. rév. et augm. ; *Associação Internacional de Enciclopediologia Conscienciológica* (ENCYCLOSSAPIENS) & *Associação Internacional Editares* ; Foz do Iguaçu, PR ; 2018 ; ISBN 978-5-8477-118-9 ; pages 2 868 à 2 870.

07. **Idem ; *Paracientista ;*** article encyclopédique ; dans: **Vieira,** Waldo ; Org. ; ***Enciclopédia da Conscienciologia ;*** prés. par la Coordination de l'ENCYCLOSSAPIENS ; révs. de l'équipe de l'ENCYCLOSSAPIENS ; 27 vols. ; 23 178 p. ; vol. 5 ; 1 112 citations ; 11 chronologies ; 33 courriels ; 206 055 énus. ; 602 spécialités ; 1 photo ; glos. 4 580 termes (articles encyclopédiques) ; 701 microbiographies ; 270 tableaux ; 702 encyclopédistes ; 28 sites web ; 670 films ; 54 vidéographies ; 1 087 webgraphies ; 13 896 réfs. ; 9e éd. rév. et augm. ; *Associação Internacional de Enciclopediologia Conscienciológica* (ENCYCLOSSAPIENS) & *Associação Internacional Editares* ; Foz do Iguaçu, PR ; 2018 ; ISBN 978-5-8477-118-9 ; pages 16 355 à 16 357.

08. **Idem ; *Racionalidade paracientífica ;*** article encyclopédique ; dans: **Vieira,** Waldo ; Org. ; ***Enciclopédia da Conscienciologia ;*** prés. par la Coordination de l'ENCYCLOSSAPIENS ; révs. de l'équipe de révs. de l'ENCYCLOSSAPIENS ; 27 vols. ; 23 178 p. ; vol. 5 ; 1 112 citations ; 11 chronologies ; 33 courriels ; 206 055 énus. ; 602 spécialités ; 1 photo ; glos. 4 580 termes (articles encyclopédiques) ; 701 microbiographies ; 270 tableaux ; 702 encyclopédistes ; 28 sites web ; 670 films ; 54 vidéographies ; 1 087 webgraphies ; 13 896 réfs. ; 9e éd. rév. et augm. ; *Associação Internacional de Enciclopediologia Conscienciológica* (ENCYCLOSSAPIENS) & *Associação Internacional Editares* ; Foz do Iguaçu, PR ; 2018 ; ISBN 978-5-8477-118-9 ; pages 18 777 à 18 780.

09. **Idem ; *Dicionário de Argumentos da Conscienciologia ;*** révis. de l'équipe de révs. de l'Holociclo ; 1 572 p. ; 1 blog ; 21 courriels ; 551 énus. ; 1 schéma de l'évolution conscientielle ; 18 photos ; glos. 650 termes ; 19 sites web ; alph. ; 28,5 x 21,5 x 7 cm ; enc. ; *Associação Internacional Editares* ; Foz do Iguaçu, PR ; 2014 ; page 624.

10. Idem ; ***Homo sapiens pacificus*** ; 1 584 p. ; 413 caps. ; 403 abrévs. ; 434 énus. ; 37 ilus. ; 7 index ; 240 synopses ; glos. 241 termes ; 9 625 réfs. ; alph. ; géo. ; ono. ; 29 x 21,5 x 7 cm ; enc. ; 3 éd. gratuite ; *Associação Internacional do Centro de Altos Estudos da Conscienciologia (CEAEC)* & *Associação Internacional Editares* ; Foz do Iguaçu, PR ; 2007 ; pages 117 et 118.

Article original

Recexologie

L'autoentrepreneuriat communicatif comme outil d'autogestion évolutive

Communicative Self-entrepreneurship as an Evolutionary Self-management Tool

Autoempreendimento Comunicativo enquanto Ferramenta de Autogestão Evolutiva

Aden Rodrigues Pereira*

* Docteur en traduction ; professeure à l'*Université Federal do Pampa. Bénévole à* l'*Instituto Internacional de Projeciologia e Conscienciologia* (IIPC).

adenrodriguez@gmail.com

Mots-clés
Autoaffrontement
Autodépassement
Autoentrepreneuriat communicatif
Autogestion évolutive
Freins

Keywords
Communicative self-entrepreneurship
Evolutionary self-management
Self-confrontation
Self-overcoming
Snags

Palavras-chave
Autoempreendimento comunicativo
Autoenfrentamento
Autogestão evolutiva
Autossuperação
Travões

Article reçu le : 01.09.2020.
Approuvé pour la publication le : 10.08.2021.

Résumé :

Cet article traite le thème de l'autogestion évolutive et le rôle de l'autoentrepreneuriat communicatif pour le qualifier. Il contient une brève discussion sur la communication comme l'un des piliers du trinôme de la tridotation conscientielle, de l'auto-organisation communicative comme une manifestation volitive conscientielle et les techniques développées pour propulser le processus évolutif égo et groupekarmique, ainsi que le groupe évolutif. La méthodologie comprend, parmi les techniques soulignées, l'amélioration de l'autoexpression, l'auto-planification communicationnelle, l'explicitation précise de la pensénité, la communication interassistencialle. Ces techniques ont été utilisées pour provoquer des recins et des recexis concernant l'autoexposition et l'autoaffrontement de l'auteure en ce qui concerne les trafors à consolider et ceux déjà consolidés dans le domaine de la communication proévolutive. Les résultats obtenus jusqu'au moment actuel de l'autorecherche ont démontré l'autodépassement des freins émergents, ainsi que l'apparition de trafors jusqu'ici inconnus.

Abstract:

This article discusses the issue of evolutionary self-management and the role of communicative self-entrepreneurship to qualify it. It contains a brief discussion of communication as one of the consciential tri-endowments pillars, communicative self-organization as consciousness volitional expression, and the techniques developed by the author to boost ego and groupkarmic evolution, as well as the evolutionary group. On methodology, some techniques are: enhancing self-expression, self-planned communication, precise, explicit thosenity, interassistance communication. Such techniques were used in order to cause recins and existential recycling in the author through self-exposition and self-confrontation around strongtraits and to consolidate others in the field of pro-evolutionary communication. Results in her self-research so far have shown self-overcoming of emerging lockers, as well as emergence for the author of previously unknown strongtraits.

Resumo:

Este artigo aborda a temática da autogestão evolutiva e o papel do autoempreendimento comunicativo para qualificá-la. Contém breve discussão sobre a comunicação como um dos pilares do trinômio da tridotação consciencial, da auto-organização comunicativa como manifestação volitiva consciencial e as técnicas desenvolvidas pela autora para alavancar a evolução ego e grupocármica, bem como do grupo evolutivo. Na metodologia, dentre as técnicas apontadas estão o aprimoramento da autoexpressão, a autoplanificação comunicacional, a explicitação precisa da pensenidade e a comunicação interassistencial. Tais técnicas foram utilizadas para provocar recins e recéxis quanto à autoexposição e o autoenfrentamento da autora no tocante aos trafores a consolidar e aqueles já consolidados no campo da comunicação pró-evolutiva. Os resultados obtidos na autopesquisa têm demonstrado autossuperação dos travões emergentes, bem como o surgimento de trafores até então desconhecidos pela autora.

INTRODUCTION

Contexte. De la formation *Verbetografia* qui a eu lieu entre mars et mai 2015, ayant abouti à l'écriture de l'article « Autorganização Comunicativa », l'auteure peut accompagner, au travers de ses recherches personnelles, le dépassement de certains trafars (cf. glossaire à la fin de la revue). Ces derniers, en rapport avec l'autoexposition et l'autoaffrontement, l'empêchaient d'exprimer ses opinions, ainsi que de se positionner de manière plus autoaffirmative et moins défensive.

Retours. Lors du colloque dudit article et en conséquence des retours des participants, ainsi que tout au long de l'autorecherche, l'auteure a pu constater à quel point la communicabilité est fondamentale pour qualifier l'interassistance, sur la base du principe d'empathie entre assistants et assistés.

Question. Puisque la communicabilité est un instrument d'interaction interconscientielle, comment l'auteure pourrait-elle qualifier sa propre communicabilité pour mieux assister les consciences de son groupe évolutif et de son groupe karmique ?

Objectif. Cet article vise à présenter des techniques d'autorecyclage communicatif, en envisageant la qualification de l'interassistance au quotidien, aboutissant à l'expansion de la compétence de gestion évolutive.

Méthodologie. Sur la base d'autorecherches théatiques, l'auteure présente une casuistique d'obstacles à la communication avec de possibles dépassements de soi - certains déjà atteints, d'autres encore à réaliser -, en décrivant également des techniques utilisées pour surmonter les freins communicatifs interassistanciels.

Malentendus. Bien avant de connaître la conscienciologie, cette auteure, à travers ses expériences dans le domaine de la linguistique grâce à sa performance professionnelle dans la société intraphysique (socin) en tant que professeure à l'université, présente une série de cas sur les problèmes de communication qui ont engendré plusieurs bruits et malentendus entre consciences.

Néoparadigme. Son autorecherche se concentre sur les expériences qui découlent de la mise en pratique des verpons (cf. glossaire) de la conscienciologie depuis 2014, lorsque celle-ci a commencé à étudier et expérimenter sous ce néoparadigme. C'est ce qu'on appelle la théorie + pratique (théatique) et le verbe + action (verbaction).

Structure. L'article se divise en 4 sections listées ci-dessous :

1. **Autoentrepreneuriat communicatif : définit le thème de recherche.**
2. **Techniques de communication pour l'autogestion évolutive : présente les techniques utilisées par l'auteure pour son autogestion évolutive.**
3. **Freins dans la communication interassistancielle : expose les traits-force (trafors) communicatifs proévolutifs.**
4. **Résultats et objectifs : répertorie l'autodépassement déjà atteint et les objectifs à atteindre par l'auteure dans l'autoexpérimentation.**

I. AUTOCOMPRÉHENSION COMMUNICATIVE

Définition. L'autoentrepreneuriat communicatif est la qualité, capacité ou attribut de la conscience intraphysique (conscin), homme ou femme, d'organiser, gérer ou entreprendre plus efficacement la présentation des propres idées, en cherchant à appréhender l'expression exacte de l'interlocuteur - le but dans l'acte communicatif - lors de l'acte de communication en mettant l'accent sur l'interassistance.

Synonymie. 1. Autostructuration conversationnelle. 2. Autodiscipline expressive. 3. Autogestion communicationnelle. 4. Auto-ordination interlocutive 5. Auto-organisation communicative. 6. Autoplanification communicative. 7. Autosystématisation verbale.

Antonymie. 1. Anarchie communicationnelle. 2. Autoexposition chaotique. 3. Auto-incontrôle expressif. 4. Autodésordre communicatif. 5. Autodésordre dialogique. 6. Autotrouble verbal. 7. Autodésorganisation communicative.

Étymologie. L'élément de composition *auto* vient de la langue grecque, *autós,* « moi-même ; par lui-même ». Le terme entrepreneuriat vient de la langue latine, *imitant* ou *impraehendo,* « essayer d'accomplir une tâche ». Il est apparu au XVIIe siècle. Le mot *entreprise* est apparu au XIXe siècle. Le terme *communication* vient du latin, *communicatio,* « action pour communiquer, partager, diviser », *communiquer,* « communiquer ; mettre en commun ; se réunir ; parler ; mélanger ; partager ; avoir une part ». Il est apparu au XVe siècle.

II. TECNIQUES COMMUNICATIVES POUR UNE AUTOGESTION ÉVOLUTIVE

Entretien. « Comme le précise la parachronologie, il est facile de démarrer une entreprise. La maintenance du projet est difficile en raison de l'exigence de répétition des actions dans le temps. » (Vieira, 2018, p. 9 476).

Techniques. Pour appliquer l'autoentreprise communicative et comprendre comment la continuité des autoexpériences sert comme outil à l'autogestion évolutive, on présente, par ordre alphabétique, sept techniques d'auto-organisation communicative, expérimentées par cette auteure :

01. **Autopensénométrie :** Enregistrement des pensenes sur au moins deux semaines pour vérifier les modèles qui émergent, afin de cartographier les principaux freins qui surviennent lors des interactions dialogiques quotidiennes, à savoir : une manifestation verbale moins homéostatique, pas très droite et avec une interassistancialité encore faible.

02. **Autoplanification communicationnelle :** À partir du relevé des freins, établissez un plan pour l'autoaffrontement de ces freins. Afin de qualifier la communication interassistancielle.

03. **Autosystématicité verbale :** Il est clair que la langue est un des moyens de manifestation de la conscience. De ce fait, il est possible de cartographier les freins et les goulots communicatifs.

04. **Explicitation précise des pensenes :** Cette technique, basée sur les modèles trouvés dans l'autopensénométrie, a permis à cette auteure de sélectionner quelles pensées doivent être communiquées et quelles ne servent plus et doivent être écartés par l'autodiscernement mentalsomatique.

05. **Amélioration de l'autoexpression :** Ainsi, arrive le moment où il faut se consacrer davantage à l'amélioration de l'auto-expression, en qualifiant d'abord les pensenes pour mieux aider à travers la communication la plus efficace, en implantant la neopensénité à chaque fois que vous percevez vos automimes.

06. ***Conscienciogramme*** **:** Cette technique a été fondamentale pour l'auteure, tout d'abord pour lui permettre une cosmovision des propres traits-fardeaux (trafars) et traits-force (trafors), notamment en ce qui concerne la communicabilité. Ainsi, avoir une routine utile pour répondre quotidiennement aux feuilles d'évaluation du livre *Conscienciograma* a beaucoup aidé à améliorer l'autoentrepreneuriat communicatif, en tirant parti de l'autogestion évolutive de l'auteure.

07. **Détaillisme planificateur communicatif :** Cette technique a été utilisée par l'auteure comme moyen de tirer parti de chaque détail surgi dans l'autorecherche. Ceci pour mieux planifier même l'autoverbaction (dire et faire), puisque c'est à partir de là qu'elle a pu qualifier l'autoexposition communicative, écrite et

orale. Le résultat est un positionnement plus sincère, l'amenant à assister d'autres consciences qui sont arrivées (les assistées) à percevoir une manière plus cohésive et plus cohérente de communiquer.

III. Freins à la communication interassistancielle et quelques trafors communicatifs proévolutifs

Freins. Sur le chemin de la marche évolutive vers la conscienciologie, entre les années 2014 et 2015, cette auteure a remarqué que des freins et goulots entravaient la progression des actions entreprises pour qualifier l'autoexpression communicative. Se suivent, par ordre alphabétique, sept des plus évidents :

1. **Auto-sabotage graphopensénique.** Le retravail a eu lieu chaque fois que nécessaire pour noter les pathopensenes, c'est-à-dire les pensées, sentiments et énergies eux-mêmes pathologiques, les réactions psychosomatiques, du psychosoma, corps des émotions, et d'éventuelles projections lucides de la conscience hors du corps physique, chargées de signalétique énergétique et d'*insight* sur la façon de mieux aborder chaque modèle émergé, afin de détailler des stratégies de communication plus cohésive et cohérente.

2. **Manque de concentration**. Au début de l'autorecherche, l'auteure a perdu son attention à plusieurs moments, notamment lors de l'utilisation des techniques 1 et 4, rendant le matériel collecté obsolète quant à la chronémique, en impliquant de retravailler la collection de pensenes et l'identification ultérieure des schémas penséniques apparus au cours des autoexpérimentations.

3. **Manque d'holomaturité.** « (cf. glossaire) ». Dans l'autoexpérimentation, l'auteure avait généralement des attitudes immatures, notant la prédominance des réactions psychosomatiques au détriment de la mentalsomatique, la raison, pour une analyse et une autocritique plus approfondie.

4. **Manque de position.** Le manque de positionnement face aux moments décisifs de la vie de l'auteure était évident dans l'autoexpression conscientielle communicative, à cause des détours et circonlocutions, y compris dans l'écriture. À cet égard, le détail des auto-observations et le repositionnement ultérieur ont été fondamentaux pour que l'auteure commence à restructurer son autoentrepreneuriat communicatif proévolutif.

5. **Peur.** Plusieurs fois, même en utilisant la technique du *Conscienciograma*, en essayant de maintenir la routine utile de répondre une feuille d'évaluation par jour, l'auteure s'est rendu compte d'être en train d'accroître les peurs liées aux expériences personnelles de la vie intraphysique actuelle ou aux rétrocognitions qu'elle ne pouvait pas préciser. Au fil du temps, l'auteure a réalisé qu'ils étaient le résultat d'autoaffrontements, lors de la prise de leadership dans l'autogestion évolutive.

6. **Autodésorganisation.** Dans la cartographie des schémas autopenséniques et manifestations verbales à prédominance psychosomatique, l'auteure a remarqué la permanence des traces d'existences intraphysiques autodésorganisatrices, en se concentrant sur le recyclage des traits chroniques. Ils apportent un renflement morphopensénique des idées, croyances et attitudes selon le paradigme scientifique conventionnel et/ou mystique qui a fait souffrir l'auteure du syndrome de l'imposteur, en niant ses trafors, mêmes ceux correspondant à la graphopensénité.

7. **Tacon.** Toujours à la suite d'expériences antérieures dans les lignes religieuses et mystiques, même dans la vie actuelle, l'auteure avait une autoperception, dans certains contextes, autovictimique par rapport à sa propre attitude encore taconiste (cf. glossaire), mettant toujours en avant les autres consciences au détriment des actions à entreprendre dans l'autogestion évolutive et redéfinition des traits communicatifs interassistanciels. Ainsi, elle a mis les autoaffrontements en arrière-plan, à la recherche de gains secondaires, récoltant les fruits de ceux qui préfèrent aider par la consolation, au lieu d'entreprendre des actions dans la tade (cf. glossaire).

Trafors découverts. Malg ré les principaux freins et goulots qui ont empêché la progression évolutive de l'auteure, bien que graduelle, vers le dépassement de soi, en mettant l'accent sur l'autogestion évolutive, certains trafors sont devenus plus évidents. En voici, par ordre alphabétique, les 7 plus évidents :

1. **Néosynapses.** L'auteure a déjà observé l'apparition de néosynapses cérébrales et paracérébrales, puisque ses projections ont commencé à montrer une augmentation raisonnable de lucidité, tandis que les autoperceptions et les paraperceptions, ou perceptions parapsychiques, ont commencé dans le cadre d'une harmonisation de plus en plus fine, surtout lorsqu'il a été possible de parler de ses expériences personnelles.

2. **Autoconfiance.** Détectant le syndrome de l'imposteur et les origines de certaines peurs déjà classifiées et dûment nommées, l'auteure a fait preuve d'une plus grande confiance en elle quant à ses propres compétences linguistiques, y comprises dans des langues comme l'anglais, l'espagnol et le français, qu'elle avait déjà appris et maîtrisait relativement bien, mais qui étaient, avec le « rétrécissement conscientiel » (cf. glossaire) de la vie actuelle, sous-utilisés.

3. **Auto-organisation pensénique.** On sait qu'une communication cohésive et cohérente est clairement perçue lorsque le locuteur ou l'écrivain est en mesure d'interagir avec ses interlocuteurs afin de provoquer un impact tadistique sur chaque expérience partagée. Ainsi, l'auteure a commencé à expérimenter une série de situations dialogiques dans lesquelles elle a perçu le rapport clair avec les autres consciences, en particulier dans les *Cursos integrados de Projeciologia* (CIP), lorsqu'elle agit en tant que professeure, où elle peut expérimenter et avoir des *feedbacks* d'étudiants et de collègues concernant l'efficacité de sa communication.

4. **Duo.** Sa vision aprioriste du duo évolutif (cf. glossaire) a considérablement diminué en permettant la rencontre du compagnon par affinité pensénique et holosomatique, c'est-à-dire par l'ensemble des corps ou véhicules de manifestation de la conscience, depuis mars 2015, remettant par conséquent à niveau les autres relations interconscientielles, y comprises celles qui dans d'autres moments de la vie actuelle étaient problématiques et explicitement belliqueuses. Il était très clair pour l'auteure l'amélioration de ses compétences linguistiques dans la manière tadistique investie dans de telles relations.

5. **Force présentielle.** L'auteure a perçu la relation intime de l'interassistancialité communicative avec l'augmentation de sa propre force présentielle non seulement dans les CIPs mais aussi dans le volontariat à l'époque, dans le secteur de la librairie de l'*Instituto Internacional de Projeciologia e Conscienciologia* (IIPC), à Florianópolis, au Brésil, comme gestionnaire, ainsi que dans les autres fonctions exercées dans les secteurs : conscienciocentrologie, *technico-scientifique,* outre le travail avec *l'União das instituições conscienciocêntricas internacionais* (UNICIN) en tant que réviseuse et traductrice d'ouvrages conscienciologiques et chercheuse du *Colégio Invisível da Despertologia* - l'une des spécialités scientifiques de la conscienciologie.

6. **Compétence associative.** L'association des idées, comme le souligne le professeur Waldo Vieira (1932–2015) dans ses ouvrages conscienciologiques, est l'un des grands leviers des trois piliers de la tridotation conscientielle - *communicabilité-intellectualité-parapsychisme.* Ainsi, l'auteure a perçu une amélioration remarquable de sa propre fluidité écrite et orale dans les automanifestations communicatives.

7. **Mémoire utile.** La quantité et la qualité des lectures dans le contexte de l'autorecherche ont encore considérablement élargi le vocabulaire et le paravocabulaire de l'auteure, assumant un rôle fondamental non seulement dans l'élaboration des gescons mais aussi dans l'écriture de l'article encyclopédique « Autorganização Communicativa » présenté en janvier 2016, à côté d'autres articles publiés dans l'Encyclopédie et les revues de la conscienciologie ; mettant à niveau la rédaction de sa thèse de doctorat achevée en juillet 2016 dans le domaine des études de traduction.

IV. Résultats et Objectifs

Premiers résultats. Les résultats obtenus au cours des cinq dernières années de volontariat, avec l'auto-recherche dans l'autoentreprise communicative, se sont révélés très motivants, comme le montrent les trafors rapportés dans la section III de cet article, identifiés tout au long des autoexpérimentations.

Barrières. Cependant, les freins et les goulots qui entravent encore les actions proévolutives de l'auteure en vue d'une autogestion évolutive doivent être autoaffrontés davantage et de manière plus énergique, car elle perçoit toujours l'auto et l'hétéroharcèlement, quoique plus subtil, dans l'autoexposition communicative.

Buts. Les objectifs de l'autoentreprise communicative à atteindre dans les prochaines étapes d'autodépassement, avec accent sur l'autogestion évolutive, sont les 7 suivants, présentés par ordre alphabétique :

1. **Nouvelles gescons.** Après avoir écrit et défendu cinq articles encyclopédiques et publié cinq autres articles, afin de quitter l'état de sous-utilisation de son potentiel intellectuel et communicatif, l'auteure est en train de mettre à point son cours gratuit intitulé « Volonté de vivre: surmonter ses peurs chroniques » et a commencé à écrire le livre « Communicabilité téléphatique ».

2. **Enseignement.** De l'expérience du premier CIP (2015) aux cours enseignés en ligne (2020), elle a entrepris des actions proévolutives stimulantes et motivantes pour les prochains recyclages intraconscientiels (recins) et existentiels (recexis), principalement en ce qui concerne l'autoentrepreneuriat communicatif.

3. **Volontariat.** Dans le volontariat, le passage de coordinatrice de la librairie à celui de la conscienciocentrologie à l'IIPC Florianópolis entre 2015 et 2017 a favorisé l'autorecyclage des freins présentés dans cet article, ainsi que le renforcement des trafors également explicités avec la qualification de la communicabilité de l'auteure, notamment dans le volontariat actuel au technico-scientifique et en tant que relectrice et traductrice de l'UNICIN.

4. **Groupe évolutif.** L'amélioration des autoexpérimentations de l'auteure a servi de base pour interagir et aider avec plus de qualité le groupe d'évolution. Investir de manière décidée dans l'autogestion communicationnelle, vérifier les gains de qualité des interassistants, les étendre à l'assistance polykarmique perçue, en particulier dans la ténepe, et travailler comme coupleur parachirurgique.

5. **Authenticité.** Condition *sine qua non* de la productivité de l'assistance en gros, cet attribut conscientiel, comme objectif, a été intégré dans les actions proévolutives de l'auteure. Cette thématique répond à une demande intraconscientielle de l'auteure, qui a vécu des situations où cet attribut a propulsé des postures plus cosmoéthiques de manière prophylactique.

6. **Orthopensenité.** Bien que certains pathopensenes aient déjà diminué, compte tenu des initiatives et de la durabilité maintenues grâce à la force de la détermination de l'auteure, d'autres pathopensenes sont apparus en exigeant l'approfondissement de l'autorecherche traduite par une autorestructuration réfléchie.

7. **Formation continue.** En tant que bénévole et enseignante de conscienciologie, l'auteure continuera à investir dans une autoformation continue, en participant, soit en tant qu'étudiante, soit en tant que monitrice aux formations de différentes institutions conscienciocentriques (ICs) impliquées dans cette science. Ceci à la recherche d'une incroyable amélioration de soi, laissant une trace d'exemple affirmé dans la multidimensionnalité, se recomposant dans le dialogue et l'interaction avec les consciences dans les différentes opportunités d'interassistance qui se présentent.

Conclusion

Reconnaissance. L'auteure laisse ici sa gratitude à toutes les consciences qui ont permis l'élaboration de cet article, en favorisant ainsi l'autoexposition de l'intraconsciencialité, ainsi que des recins et recexis menés jusqu'à présent.

Recomposition. Depuis le jour où elle a entendu pour la première fois le mot « recomposition » lors du « cours de précocité parapsychique », dans le cadre d'un partenariat entre l'IIPC et l'*Associação Internacional de Parapsiquismo Interassistencial* (ASSIPI), organisée en 2015, à la ville de Tubarão, dans l'état brésilien de Santa Catarina, l'auteure a connu des opportunités uniques pour se réconcilier avec les consciences, surtout quand elle a commencé à utiliser des nouveaux attributs conscientiels concernant la compréhension de soi communicative.

Énergosomatique. Explicitement, l'auteure confirme, à la fin de cet article, qu'aucun de ces recyclages n'aurait le succès qu'ils ont montré dans la marche autoévolutive, sans les efforts autosuffisants du travail avec les énergies mené quotidiennement, même si la barre des 20 états vibratoires – EVs – par jour n'a pas été atteinte.

Ténepe. La pratique quotidienne de la tâche énergétique personnelle - ténepe - s'est également avérée une technique fondamentale dans les pratiques interassistancielles. A chaque étape vécue, la technique énergétique personnelle a démontré son efficacité en rapport avec les assistants extraphysiques qui ajoutent certainement de plus en plus de prédicats à cette auteure.

Volicioline. Enfin, il faut souligner, selon l'expérience de l'auteure, que la conscience autodéterminée et véritablement engagée dans son recyclage intra et extra-conscientiel, à travers l'autoentrepreneuriat communicatif, discerne son autogestion évolutive de manière théatique et exemplaire.

Une Autocompréhension Communicative optimisée par l'autorecherche et** l'autorecyclage favorise **une autogestion évolutive par l'autoscientificité conscientielle.

Questionologie. Êtes-vous un chercheur en conscienciologie qui promeut déjà l'autorecyclage par la compréhension communicative de soi en tant qu'outil d'autogestion évolutif ? Quels en sont les effets pratiques sur votre processus évolutif ?

Bibliographie spécifique

1. **Pereira,** Aden R. ; ***Autorganização Comunicativa ;*** article encyclopédique ; dans: **Vieira**, Waldo ; org. ; ***Enciclopédia da Conscienciologia ;*** prés. Coord. De l'ENCYCLOSSAPIENS ; révs. équipe de révs. de l'ENCYCLOSSAPIENS ; 27 vols. ; CLXXIV +2 3004 p. ; 1 112 citations ; 11 chronologies ; 33 courriels ; 206 055 énus. ; 602 spécialités ; 1 photo ; glos. 4 580 termes (articles encyclopédiques) ; 701 microbiographies ; 274 tableaux. ; 702 encyclopédistes ; 28 sites web ; 670 films ; 13 896 réfs. ; 54 vidéographies ; 1 087 webgraphies ; 9e éd. digital ; rév. et augm. ; *Associação Internacional de Enciclopediologia Conscienciológica* (ENCYCLOSSAPIENS) & *Associação Internacional Editares* ; Foz do Iguaçu, PR ; 2018 ; ISBN 978-85-8477-120-2 ; pages 3 872 à 3 876 ; disponible en <http://encyclossapiens. space/nona/ECDigital9.pdf> ; accès en 14.01.2016.

2. **Vieira,** Waldo ; ***Repetição Paciente ;*** article encyclopédique ; dans: **Vieira,** Waldo ; org. ; ***Enciclopédia da Conscienciologia ;*** prés. Coord. de l'ENCYCLOSSAPIENS ; révs. équipe de révis. de l'ENCYCLOSSAPIENS ; 27 vols. ; CLXXIV + 23 004 p. ; 1 112 cits. ; 11 chronologies ; 33 courriels ; 206 055 énus. ; 602 spécialités ; 1 photo ; glos. 4 580 termes (articles encyclopédiques) ; 701 microbiographies ; 274 tableaux. ; 702 encyclopédistes ; 28 sites web ; 670 films ; 13 896 réfs. ; 54 vidéographies ; 1 087 webgraphies ; 9e éd. digital ; rév. et augm. ; *Associação Internacional de Enciclopediologia Conscienciológica* (ENCYCLOSSAPIENS) & *Associação Internacional Editares* ; Foz do Iguaçu, PR ; 2018 ; ISBN 978-85-8477-120-2 ; pages 19 492 à 19 494 ; disponible en <http://encyclossapiens. space/nona/ECDigital9.pdf> ; accès en 04.07.2021.

Bibliographie Complémentaire

1. **Rosenberg,** Marshall ; ***Comunicação Não-Violenta: Técnicas para Aprimorar Relacionamentos Pessoais e Profissionais*** (***Nonviolent Communication: A Language of Life)*** ; préf. Arun Gandhi ; trad. Mário Vilela ; 286 p. ; 13 chaps. ; 3 courriels ; 40 énus. ;1 tab. ; 5 tests ; 3 *sites web* ; 55 réfs. ; alph. ; 21 x 14 cm ; br. ; 3e éd. ; *Ágora* ; São Paulo, SP ; 2006 ; pages 37 à 53, 13 à 16, 19, 21 à 33, 37 à 48, 50 à 61 et 63 à 118.

2. **Seno,** Ana ; ***Comunicação evolutiva nas interações conscienciais*** ; préf. Málu Balona ; révs. équipe de réviseurs de l'Editares ; 342 p. ; 4 secs. ; 29 chaps. ; 36 cits. ; 1 diagr. ; 22 courriels ; 70 énus. ; 2 schémas ; 2 fluxogrammes ; 1 photo ; 4 ilus. ; 1 microbiographie ; 10 tabs. ; 20 si*tes web* ; glos. 181 termes ; 17 films ; 183 réfs. ; 2 appends. ; 23 x 16 cm ; br. ; *Associação Internacional Editares* ; Foz do Iguaçu, PR ; 2013 ; pages 13 à 17, 19 à 21, 25 à 27 et 29 à 33.

Article original

Parallèle entre la communication complexe et la pensée complexe

Parallel between Complex Communication and Complex Thinking

Paralelo entre a Comunicação Complexa e o Pensamento Complexo

Ana Seno*

* Licencié en Lettres (Français, Espagnol et Portugais), maître en Linguistique. Réviseuse et traductrice. Chercheuse de la Conscienciologie depuis 1995. Coordinatrice de la revue *Conscienciologia Aplicada* et éditrice de la revue *Scriptor.* Bénévole à l'*Associação Internacional para a Evolução da Consciência* (ARACÊ) et à l'*União Internacional de Escritores da Conscienciologia* (UNIESCON).

anasenografia@gmail.com

Mots-clés
Autogestion pensénique
Communicologie
Evolution
Pensénité
Savoirs communicatifs

Keywords
Communicational knowledgs
Communicology
Evolution
Thosenic self-management
Thosenity

Palavras-chave
Autogestão pensênica
Comunicologia
Evolução
Pensenidade
Saberes comunicativos

Résumé:

Cet article propose un parallèle entre la communication et la pensénisation, selon les ressemblances de leurs complexités particulières, en présentant l'analogie des idées de la pensée complexe (Morin) appliqués à la communication évolutive (Seno). La méthode utilisée a été la révision de quelques concepts et leur expansion, selon le point de vue de la spécialité conscienciologique communicologie. Les approches sont synthétisées en tableaux pour faciliter la compréhension de la proposition de l'auteur. La complexité de la communication y est discutée d'après le regard de la théorie du pensene (Vieira), en montrant l'influence réciproque entre les compétences communicatives et celles relatives à l'acte de penséniser.

Abstract:

This paper proposes a parallel between communication and thosenization, according to the resemblance between their particular complexities, presenting the analogy of (Morin's) complex thought applied to (Seno's) evolutionary communication. The method used was the revision of some concepts and their expansion, according to the conscientiological speciality communicology. The approaches have been synthesized in tables to facilitate the author's proposition's understanding. Communication complexity is discussed from the look of (Vieira's) thosene theory, showing mutual influences between communicative abilities and those referring to the act of thosenize.

Resumo:

Este artigo traça um paralelo entre a comunicação e a pensenização, segundo as semelhanças entre suas complexidades particulares, apresentando a analogia das ideias do pensamento complexo (Morin) aplicada à comunicação evolutiva (Seno). O método utilizado pautou-se pela revisão de alguns conceitos e sua expansão, de acordo com o ponto de vista da especialidade conscienciológica Comunicologia. As aproximações estão sintetizadas em tabelas para facilitar a compreensão da proposição da autora. É discutida a complexidade da comunicação, a partir do olhar da teoria do pensene (Vieira), mostrando a influência recíproca entre as competências comunicativas e aquelas relativas ao ato de pensenizar.

Article reçu le : 28.08.2020.
Approuvé pour la publication le : 10.08.2021.

INTRODUCTION

Dans la vie, la communication est présente dès la naissance. Au long des étapes du développement, la personne s'ouvre pour comprendre comment améliorer ses relations avec les autres.

La famille est le premier contexte pour l'apprentissage de la langue et des coutumes culturelles. Cela étant, l'ambiance scolaire offre la possibilité aux enfants de se mettre en contact avec les autres et apprendre la coexistence en groupe.

Les rapports initiaux dans la famille et l'école forment et modèlent le comportement des enfants, lequel se manifestera à l'âge adulte. Communiquer est un moyen de manifester le comportement, ainsi que la personnalité est le mode de penser d'une personne.

La manière d'une personne de se communiquer influencera les types et la qualité de ses relations avec les autres. C'est cette perspective qui nous conduira dans cet article sous le paradigme conscientiel.

Les résultats de ce réseau connectant plusieurs personnes dans une société planétaire sont complexes à analyser mais nous avons proposé une vision intégrée, articulée et interdépendante, partant des individus, des groupes, jusqu'à la société.

La méthode utilisée, basée en lectures, expériences personnelles et analyse du thème communication sous le paradigme conscientiel, rattache ces contenus avec d'autres disciplines et concepts connus à propos de la communication (humaine et sociale).

La structure de cet article présente trois parties : 1. Communication humaine et Sociale ; 2. Communication pensénique ; 3. Communication complexe ; 4. La complexité de la pensénisation pendant la communication, outre l'introduction et la conclusion.

I. Communication Humaine et Sociale

Brièvement, il faut situer le lecteur à propos des concepts importants pour notre point de vue et qui seront ajoutés à notre perspective, sous le paradigme conscientiel.

La connaissance de la discipline communication sociale est née au XXème siècle, après la Seconde Guerre Mondiale, associée à l'intensification du développement des médias comme la radio, la presse, la télé, le cinéma, les médias de masse.

Dans la même époque, Roman Jakobson (1896–1982), linguiste russe, pionnier de l'analyse du langage structurel, de la poésie et de l'art, a écrit beaucoup à propos, et dans son livre « Linguistique et Communication » propose la Théorie de la Communication, décrivant les six fonctions du langage, les éléments structurels du système de la communication réalisée par auteurs et interlocuteurs (Jakobson, 1982, p. 123 et 124) :

1. Émetteur (codeur) → Fonction émotive ou expressive.
2. Destinateur (encodeur) → Fonction conative ou appellative.
3. Code → Fonction métalinguistique.
4. Message → Fonction poétique.
5. Canal → Fonction phatique.
6. Référente → Fonction référentielle ou dénotative.

Cette conception a influencé beaucoup de lignes de recherche et disciplines qui traitent de la question des formes de communication humaine et ses présupposés. La grande contribution de Jakobson a été la systématisation analytique des aspects intervenants dans le processus communicatif, séparant ses composants pour mieux le comprendre et l'utiliser de manière efficace.

Il faut dire que l'intérêt de Jakobson a fut d'étudier principalement la fonction poétique.

Dans cette étude, les deux premières nous intéresserons : émetteur et destinataire (récepteur), outre le message, c'est-à-dire, tout ce qui passe d'uen conscience et l'autre.

Le point important à souligner est que la linguistique considère seulement l'approche intraphysique, restant à l'écart les aspects et variables multidimensionnelles, pluriexistentielles et bioénergétiques.

Notre intérêt dans cet article est celui de montrer au lecteur ces variables existantes dans la communication en tous ces types et analyser leurs effets. Nous voulons aussi exemplifier les conditions et les situations complexes qui se posent à toute manifestation et expression de la conscience.

Le terme *conscience* ici est employé comme synonyme de personne, sujet, égo, âme, esprit, soi supérieur, parmi d'autres désignations dans les plusieurs lignes de connaissance.

II. Communication Pensénique

Le néologisme *pensene* réunit trois mots : pensée + sentiment + énergie conscientielle, inséparables, que la conscience exprime à tout instant et de manière simultanée. Il fut proposé par Waldo Vieira (1932–2015), médecin brésilien, quand il a écrit les traités fondateurs des sciences conscienciologie et projectiologie.

La méthode de rechercher le pensene et sa dérivation pensénité utilise le principe de la recherche participative, parce que la conscience pourra étudier sa propre pensénité, ainsi que celle exprimée par les autres consciences issues des diverses formes de communication.

Ce principe s'appuie sur l'évidence qu'avec *l'identification de l'existence du pensene, il n'est pas possible, évidemment, de soutenir comme réel l'acte de quelqu'un de penser une idée sans y introduire de l'émotion ; ni faire une recherche sans introduire, dans le processus, les propres énergies personnelles* (Vieira, 1997, p. 97).

Vieira (2003, p. 318) définit la *communication* en synthétisant les aspects déjà observés par Jakobson, mais avec une approche intégrée et de manière complète et précise :

> La communication est l'acte ou l'effet de se communiquer, processus qui s'agit, à la rigueur, de la transmission et la réception de messages entre la source émettrice et le destinataire récepteur, où les informations transmises par moyen de ressources intraphysiques – parole, ouïe, vision – ou appareils et dispositifs techniques sont décodés à la source et à la destination avec l'usage de systèmes conventionnés de signes (mots) ou symboles sonores (parole), calligraphiés (écriture), iconographiques (ordinateur) et gestuels (communication ou langage corporel).

Mais, Vieira innove le concept en l'amplifiant et y ajoutant des éléments extraphysiques concernant le paradigme conscientiel. Cette amplification se comprend avec la définition de la spécialité communicologie (2003, p. 318) :

> **Définition.** La communicologie est la spécialité de la conscienciologie appliquée à la communicabilité de la conscience de toutes les façons et formes, y compris la communication interconscientielle entre les dimensions conscientielles, considérant la projectibilité conscientielle lucide et les approches de la conscience « intégrale », holosomatique, multidimensionnelle, holobiographique et holomnémonique.
> **Synonymie** : 1. Étude de la communication interconscientielle. 2. Science de la communication ; science de l'information. 3. Médias. 4. Dialogue. 5. Éloquence ; oratoire ; rhétorique.
> **Antonymie :** 1. Condition d'incommunicabilité. 2. Condition d'isolement. 3. Silence. 4. Censure. 5. Désinformation. 6. Agonistique ; éristique ; sophistique.
> **Champ.** La communicologie est dans le champ scientifique de l'expérimentologie.
> **Unité.** L'unité de travail ou la mesure de la communicologie est le *message*.

Le noyau de l'acte communicatif est dans le message parce qu'il charge l'intention de la conscience qui conduit le contenu de ce message. L'importance de l'intention dans le processus communicatif détermine l'efficacité positive ou non et le caractère d'assistance ou d'anti-assistance du message.

Or, la communication efficace requiert beaucoup d'habiletés et compétences, au-delà des idées de Noam Chomsky (1928–) avec sa théorie de la syntaxe, de la *performance et compétence* dans sa grammaire générative. La question de l'acquisition innée (ou non) du langage influe dans la *performance* et *compétence* du sujet parlant. Nous y reviendrons.

Ces habiletés sont dans le champ des relations entre les multiples dimensions, interconnectant les consciences qui habitent la dimension intraphysique (conscins) et les consciences qui habitent l'extraphysique (consciexes), qui n'ont pas de corps pour se manifester, seulement le corps émotionnel (psychosoma) et le corps rationnel, du discernement (mentalsoma).

Cet espace interdimensionnel nous intéresse ici pour traiter et analyser le chemin du message : de qui il vient et à qui il est dirigé. L'essence de la communication pensénique dépend de la pensénisation de la conscience, étant matière très importante et décisive pour évaluer l'efficacité ou même la compétence de sa communication.

La pensénisation est l'action de penséniser, c'est-à-dire, d'exprimer le pensene par la conscience. Dans la dimension extraphysique habitent les consciences qui ne possèdent plus de corps physique et se manifestent seulement par les corps subtils psychosoma et mentalsoma.

Même dans la dimension intraphysique, quand une conscin parle avec une autre conscin, il y a une dépendance de la pensénisation de chacune pour évaluer la qualité du message et son décodage. Le message interchangé fructifiera quand l'intention des deux interlocuteurs est cosmoéthique.

On n'en exclue pas les simples conversations quotidiennes avec des réponses et questions à propos de quelques informations. Mêmes celles pouvant contenir des intentions cachées, en détriment de la vérité.

La cosmoéthique est la réflexion sur la morale cosmique, l'éthique universelle. Elle est la mesure des actions des consciences, qui déterminera leurs niveaux évolutifs présents.

Sous cette perspective, il faut récupérer la notion de pensene, mot réunissant la pensée, les émotions et sentiments et les énergies conscientielles. Le pensene est donc beaucoup plus que simplement penser. Il exige que la conscience sache quelle émotion ou quel sentiment est inclus ou accompagne cette pensée. Car il définira le résultat de cette combinaison, qui sera exprimé ou manifesté par l'autre conscience, son interlocuteur.

Pendant l'expression du pensene, la conscience peut être mal intentionnée par rapport à son idée (*pen*) ou sentiment (*sen*). L'authenticité de sa communication montrera le degré de sa cosmoéthique personnelle qui sera perçue par ses énergies manifestées.

Nous nous intéressons ici à vérifier comment la conscience pense et ressent quelque objet ou événement qu'elle vit, considérant toutes les influences des multiples dimensions où habitent plusieurs consciences. Savoir interagir avec tout cela est l'art de vivre multidimensionnellement.

III. Communication complexe

Il est très important d'apporter un concept qui nous aidera à comprendre la complexité : se communiquer selon la communicologie, d'après les études de la conscienciologie.

Nous pouvons faire une analogie avec le concept proposé par Edgar Morin (1921–) à propos de la pensée complexe, qui met en évidence les éléments : information, organisation, auto-organisation et autonomie, pour analyser quelque thème scientifique ou de la réalité, comme un système interconnecté.

Chaque élément peut être vu sous la perspective de la micro et macrophysique, en système ouvert et interchangeant, produisant la complexité du réseau transdisciplinaire (Morin, 2005, p. 51), en partant du simple au complexe. A partir de cette idée de Morin, nous pouvons transposer cette conception pour la compréhension de la complexité de la communication pensénique.

La même difficulté de gestion de plusieurs variables, existantes dans la nature et dans la société humaine, dans les plusieurs disciplines et systèmes, arrive à l'autogestion de la pensénité de la conscience par soi-même dans son intraconscientialité : administrer les pensées avec chaque sentiment correspondant à celles-là.

Le tableau 1 compare la *pensée complexe* (Morin, 2005) avec la *communication complexe* pour élucider les points abordés.

Tableau 1 – Comparaison entre la pensée complexe et la communication complexe

N.	*Pensée complexe*	*Communication complexe*
01	Système entrelié	Système interdépendant et articulé
02	Base : les disciplines et la nature	Base : pensene et environnement (intra et extraphysique)
03	Gestion intégrée	Autogestion holosomatique
04	La recherche de l'ordre	La recherche de la pensée rectiligne
05	Séparabilité	Séparation didactique de chaque véhicule de manifestation, mais tous les quatre en coïncidence
06	Les émotions/sentiments sont secondaires	Les émotions/sentiments font partie du pensene (à chaque idée correspond un sentiment)
07	Expression de la pensée par déduction et induction	Expression par le pensene (pensée+sentiment+énergie conscientielle) par la logique et discernement
08	Manifestation verbale, non verbale ou écrite	Manifestation holosomatique et pensénique véhiculé par l'énergie conscientielle
09	Le raisonnement et la logique, linéaire et non-linéaire	Le raisonnement et la logique multidimensionnelle par moyen du parapsychisme et du discernement
10	Exige des habiletés rationnelles	Exige des habiletés rationnelles, émotionnelles et parapsychiques
11	Double vision : microphysique et macrophysique	Omnivision : Intraconscientielle (aphysiologie) Extraconscientielle (micro/macrophysique)
12	Quatre savoirs communicatifs (parler, écouter, lire et écrire)	Six savoirs communicatifs (parler, écouter, lire, écrire, traduire et penséniser) (Tableau 2)

A l'origine de cette difficulté est le fait que chaque conscience est une usine de production de pensenes, à tout moment, et de mode à la fois chaotique, sans cesse, ce qui implique le défi de l'organisation pensénique. Il faut un effort pour organiser et obtenir la pensénisation rectiligne, moins désordonnée, moins désorientée, donc plus organisée.

L'importance d'obtenir l'organisation pensénique est de qualifier l'expression authentique, cohérente, correcte, précise, rationnelle, influente dans les relations interconscientielles. L'authenticité produit l'interconfiance.

Pour cette organisation, la conscience aura besoin de techniques, beaucoup d'autoconfrontation, discipline, nouvelles habitudes pour réussir cette transformation. Quand la conscience sait ce qu'elle doit transformer, elle clarifie ses pensées et par conséquent ses actions, jusqu'à ses comportements, ce qui pourra être observé par les autres.

Ainsi, nous tenons le système complexe de communication à partir de la pensénité. Savoir toutes les informations à propos de soi-même est la condition d'améliorer sa manière de se communiquer. Nous appelons cela l'autorecherche.

Avec cette connaissance de soi, la conscience obtient l'autonomie nécessaire pour évoluer et elle montre son pouvoir et singularité. La force présentielle est conquise à partir de l'autonomie personnelle appliquée aux actions d'assistance.

Il est très important de prendre conscience de la nécessité d'une plus grande lucidité autour de ce mécanisme intraconscientiel, afin de pouvoir commander sa pensénisation.

Cela ne veut pas dire qu'il y aura une perte de liberté de penser. C'est justement le contraire. La conscience aura la maîtrise et les habiletés pour gérer cet ensemble d'éléments complexement réunis, elle pourra décider ce qu'elle ira penser et même parler à autrui.

Considérant ce panorama du processus intraconscientiel, on observe la relevance de la cosmovision, non seulement de soi-même, mais de détails qui composent la compétence communicative.

La cosmovision de l'autopensénisation vient de la recherche de l'autonomie de la manière de penser, de sentir et d'exprimer notre pensée, dans ce cas, de manifester notre *pensene*.

Les six savoirs communicatifs proposés par Seno (2013, p. 16) (*savoir-parler, savoir-écouter, savoir-lire, savoir-écrire, savoir-traduire, savoir-penséniser*) contribue à construire cette cosmovision de soi dans le champ de la communicologie (Tableau 2).

Tableau 2 – Les six savoirs communicatifs

Niveau interlocutoire	Niveau graphique	Niveau pensénique
Savoir-parler	Savoir-lire	Savoir-traduire/interpréter (Les énergies conscientielles)
Savoir-écouter	Savoir-écrire	Savoir-penséniser (Articuler le pen+sen+ene)

La raison d'apprendre davantage sur les plusieurs habiletés communicatives et les maîtriser est pour atteindre la communication maximale que Seno appelle *Communication évolutive* (2013, p. 16) :

> La communication évolutive est la capacité très mûre d'expression verbale, non-verbale, écrite, énergétique et parapsychique, accomplie par la conscience lucide de l'évolution, cherchant l'interassistance efficace dans les interlocutions multidimensionnelles et visant prioritairement la tâche d'éclaircissement (*tade*).

Parmi les six savoirs, le *savoir-penséniser* est considéré pour cette auteure le plus important et celui qui commande les autres, d'une certaine façon. Appliquer les habiletés et les compétences communicatives exige la capacité de gestion agile de tous les savoirs, car le but de la communication évolutive est la tâche d'élucidation réalisée à haut niveau avec les multiples interlocuteurs de différentes *paraprovenances*, des lieux ou ambiances extraphysiques.

Cette tâche très difficile oblige la maîtrise par la conscin de tous les six savoirs, en exigeant la profondeur de détails et subtilités de techniques et expérience avec les interrelations mûres, sûres et tranquilles, à haute performance.

Tout dans la vie humaine exige de l'entraînement. Vieira (2014, p. 410) nous pose une question très pertinente : « Est-ce que vous vous avez déjà entrainé suffisamment pour penséniser correctement ? »

Le point de départ pour la conscin intéressée à étudier et à se perfectionner est l'autorecherche. Il faut rechercher les caractéristiques personnelles qui doivent être améliorées. À partir de cela, en découvrant ses points sensibles ou fragiles, la conscin peut transformer sa manifestation et sa compétence en interaction avec les autres conscins.

L'interaction conscin-consciex est plus délicate et laborieuse, puisqu'elle dépend du développement du parapsychisme. Cela n'arrive pas toujours de manière facile et lucide, parce que la plupart ne maîtrise pas les énergies conscientielles.

En général, les conscins n'ont pas de connaissance pour utiliser lucidement leur parapsychisme. Il faut s'entrainer beaucoup de tecniques pouvent aider pour une manifestation efficace et naturelle, sans discontinuité. Pendant chaque étape peuvent aider pendant cette période d'apprentissage pendant chaque étape des énergies conscientielles et les moments de penser + ressentir.

Dans cet article nous n'avons pas l'intention de détailler ces techniques, mais réfléchir à propos du système de communication en focalisant les plusieurs aspects intervenants dans le processus. Le réseau imbriqué, constitué par les habiletés des savoirs, représente la complexité communicative que nous voulons montrer.

> *Le principal agent de l'évolution conscientielle est l'autodiscernement. La conscin seulement réussit l'auto-organisation pleine lorsqu'elle évalue la qualité de l'autopensénité. Les autoréflexions reflètent la conscience. La technique pensénologique la plus intelligente et évolutivement rentable est d'éliminer les désirs irrationnels par moyen des autoréflexions rationnelles, toujours, ininterrompues* (Vieira, 2014, p. 542).

Car, dans le savoir-penséniser, il y a trois habilités entreliées : penser + ressentir + s'exprimer par les énergies conscientielles. Selon l'affirmation de Vieira, la raison, le raisonnement avec discernement, sont les éléments très importants dans le processus de pensénisation. La pensée, l'idée, la force du raisonnement peuvent donner l'impression de supériorité par rapport au sentiment, alors qu'il s'agit d'y considérer et observer la qualité du sentiment adhérant / correspondant à l'idée. Les deux sont inséparables.

IV. La complexité de la pensénisation pendant la communication

La pensénité implique trois attitudes qui peuvent être résumées dans la séquence chronologique, selon Vieira (2014, p. 66) :

1. Observation : premier fait.
2. Réflexion : expérience personnelle confrontant le fait.
3. Conclusion : second fait, ou bissociation.

La gestion des habiletés communicatives (savoirs communicatifs) pendant quelque acte communicatif se montre complexe, exigeant beaucoup, quelques savoirs au détriment d'autres, selon le moyen ou l'instrument utilisé pour l'interaction.

À chaque fraction de seconde, beaucoup de processus cérébraux et holosomatiques ont lieu, d'encodage et de décodage, appliquant les diverses (auto)gestions communicatives, à l'exemple des sept actions suivantes, au moins :

1. La gestion du raisonnement logique sur l'idée ou contenu parlé (savoir-penser).
2. La gestion des émotions (savoir-sentir).
3. La paraperception de l'énergie de l'interlocuteur (savoir-traduire).
4. La traduction de cette perception parapsychique des énergies manifestées par l'interlocuteur (savoir-traduire).
5. L'écoute attentive et polie de ce que dit l'interlocuteur (savoir-écouter).
6. La gestion du décodage de cette écoute (savoir-décoder).
7. La gestion de quelle réponse ou parole on va exprimer, selon l'écoute réalisée (savoir-parler).

Ces gestions seront réussies quand la conscience reste en état d'alerte avec son discernement en train de fonctionner au maximum. Or, si la conscience manifeste quelque trouble avec la réception du contenu du message - par exemple, si elle n'accepte pas la critique de l'interlocuteur -, cela peut baisser sa lucidité, à cause de l'influence de son émotion, en provoquant un déséquilibre intraconscientiel, et elle n'arrive qu'à répondre, en conséquence, de manière pas authentique, en répondant, au contraire, de manière irraisonnable, voire agressive.

À partir de cet exemple-là, nous pouvons dire que le point critique de la gestion des habiletés communicatives est dans le savoir réceptionner le message, parce que le manque d'accueil de l'information reçue crée une écoute sélective contre le malaise, pour que la conscience essaie d'échapper à la situation ou à la vision de soi-même.

Dans la vie quotidienne, nous sommes tout le temps confronté à des choses, qui nous plaisent et d'autres qui ne nous plaisent pas, mais cela fait partie de notre expérience humaine. Quand la conscience comprend qu'évoluer est savoir gérer les différentes stimulations, problèmes, situations, ambiances et divers types de personnes de la manière la plus cosmoéthique possible, elle s'apaise, arrivant à une condition de pensénité homéostatique et positive.

Ce mode d'autogestion révélera la capacité et la maturité de la conscience à vivre et, par conséquent, son niveau évolutif à partir de ses capacités appliquées dans ses interrelations.

Mots conclusifs

L'étude de la communication transcende les disciplines et connaissances parce que la communicologie est une spécialité qui les traverse, en représentant dans la pratique le principal instrument d'une conscience pour se communiquer avec une autre et une connaissance généralement connue.

Avec les idées exposées ici, nous observons que le chemin vers l'évolution conscientielle comprend la maîtrise des savoirs communicatifs, pour réussir ses objectifs et vivre heureusement avec les autres consciences et principes conscientiels, en établissant une coexistence saine et interassistancielle.

L'homme avance et philosophe par l'autopensénisation (Vieira, 2014, p. 394).

Malgré les effets de l'évolution qui augmentent la complexité, la conscience peut, avec son discernement et capacité d'apprendre, transformer le complexe en simple. Les consciences évoluées savent que la complexité est dans la simplicité. C'est pour ça qu'elles ont la pensénité rectiligne, assistancielle et fraternelle.

L'autogestion des savoirs communicatifs marche en répondant, au contraire, de manière irraisonnable, de l'autogestion de la pensénité. Appliquer ses efforts à développer ces habiletés intercommunicatives est une décision intelligente en faveur de l'évolution.

Bibliographie spécifique

1. **Jakobson,** Roman ; Linguística e Comunicação (Linguistique et Communication) ; préf. Izodoro Blikstein ; trad. Izidoro Blikstein et José Paulo Paes ; 164 p. ; 7 chaps. ; 2 diagrammes ; 10 éd. ; 48 refs. ; 1 tableau ; 19 x 13 cm ; Cultrix ; São Paulo, SP ; 1982, pages 123 et 124.

2. **Morin**, Edgar ; ***Introduction à la pensée complexe ;*** 160p. ; 6 chaps. ; collection Points ; Essais ; 12 réfs. ; 10,5 x 17,5 cm ; br. ; *Éditions du Seuil ;* Paris, France ; 2005, pages 46 à 104.

3. **Seno,** Ana ; ***Comunicação Evolutiva nas Interações Conscienciais*** *(Communication évolutive dans les interrelations conscientielles) ;* préf. Málu Balona ; réviseurs équipe de réviseurs de l'Editares ; 342 p. ; 4 sections ; 29 chaps. ; 36 citations ; 1 diagramme ; 22 *courriels ;* 70 énus. ; 2 schémas ; 2 fluxogrammes ; 1 photo ; 4 ilus. ; 1 microbiographie ; 1 form. ; 9 tableaux ; 20 sites web ; glos. 181 termes ; 17 films ; 183 réfs. ; 2 appends. ; 23 x 16 cm ; br. ; *Associação Internacional Editares ;* Foz do Iguaçu, PR ; 2013 ; page 16.

4. **Vieira,** Waldo ; ***Dicionário de Argumentos da Conscienciologia ;*** réviseurs équipe de réviseurs du Holociclo ; 1 572 p. ; 1 *blog ;* 21 courriels ; 551 enus. ; 1 schéma de l'évolution conscientiel ; 18 photos ; glos. ; 650 termes ; 19 sites web ; alph. ; 28,5 x 21,5 x 7 cm ; enc. ; *Associação Internacional Editares ;* Foz do Iguaçu, PR ; 2014 ; page 394.

5. **Idem ;** Waldo ; ***Homo sapiens reurbanisatus ;*** réviseurs équipe de réviseurs du Holociclo ; 1 584 p. ; 24 sections ; 479 chaps. ; 139 abrévs. ; 12 *courriels ;* 597 énus. ; 413 étrs. ; 1 photo ; 40 ilus. ; 1 microbiographie *;* 25 tabs. *;* 4 *sites web ;* glos. 241 termes ; 3 infographiques ; 102 films ; 7 663 réfs. ; alph. ; géo. ; ono. ; 29 x 21 x 7 cm ; enc. ; éd. P*rinceps ; Associação Internacional do Centro de Altos Estudos da Conscienciologia* (CEAEC) ; Foz do Iguaçu, PR ; 2003 ; page 318.

5. **Idem ;** ***Temas da Conscienciologia*** *(Thèmes de la Conscienciologie) ;* réviseurs Alexander Steiner ; Cristiane Ferraro ; & Graça Razera ; 232 p. ; 7 sections ; 90 chaps. ; 10 diagnostiques ; 15 *courriels ;* 115 énus. ; 1 photo ; 1 microbiographie ; 10 recherches ; 30 tests conscienciométriques ; 2 tabs. ; 2 *sites web ;* 16 réfs. ; alph. ; ono. ; 21 x 14 cm. ; br. ; *Instituto Internacional de Projeciologia e Conscienciologia* (IIPC) ; Rio de Janeiro, RJ ; 1997 ; page 97.

Article original *Parapoliticologie*

Communication et éducation: une approche parapolitique

Communication and Education: A Parapolitical Approach

Comunicação e Educação: Abordagem Parapolítica

Marcelo Rouanet*

* Biochimiste, traducteur, auteur, chercheur-membre du Collégiat du *Collège invisible de la parapoliticologie.* Bénévole de l'*Associação Internacional para a Evolução da Consciencia* (ARACÊ).
marcelorouanet@gmail.com

Mots-clés
Communicologie
Démocratie
Médias
Parapédagogiologie
Parapoliticologie

Keywords
Communicology
Democracy
Media
Parapedagogiology
Parapoliticology

Palavras-chave
Comunicologia
Democracia
Mídia
Parapedagogiologia
Parapoliticologia

Article reçu le : 17.08.2020.
Approuvé pour la publication le : 10.08.2021.

Résumé :

Cet essai analyse des thèmes et disciplines intéressant l'évolution conscientielle dans le contexte de la politique contemporaine en envisageant la transmission et interprétation de faits, directement politiques et autres, surtout d'après deux spécialités de la néoscience conscienciologie, la communicologie et la parapédagogiologie. Et vice-versa, en examinant ces deux domaines par le regard de la parapoliticologie. Or, les communications médiatiques et les communications scientifiques peuvent être étudiées selon l'approche communicologique. Une formation universaliste d'excellence y est valorisée, s'ajoutant aux visées de la pédagogie et de l'éducation, au-delà des formations politiques des partis. Des possibles avantages de la séparation analytique entre des thèmes proprement politiques des idéologiques y seront traités, par rapport à la politique brésilienne, française, mondiale et en général, c'est-à-dire, en ce qui concerne l'évolution conscientielle et l'holopensénité, la qualité de l'ensemble des pensées, sentiments et énergies, et avec cela le développement social, historique.

Abstract:

This essay analyzes themes and disciplines interesting consciential evolution within the context of contemporary politics, focusing on transmission and interpretation of facts, both directly political and others, mainly after two specialties of the neoscience conscientiology - communicology and parapedagogiology. And vice-versa, by assessing those two areas under parapoliticology's perspective. Both media communication and scientific communication can be assessed through communicology approach. We value a universalistic, outstanding education, summing up to pedagogy and education views, beyond any partisan political formation. Some possible advantages of the analytical separation between properly political themes and ideological ones will be treated here, around Brazilian, French and World politics, as well as generally, that is, around consciential evolution and holothosenity, or the quality of the whole set of thoughts, sentiments, and energies, and, therewith, social-historic development.

Resumo:

Este ensaio analisa temas e disciplinas interessando à evolução consciencial no contexto da política contemporânea enfocando a transmissão e interpretação de fatos, diretamente políticos e outros, principalmente segundo duas especialidades da neociência Conscienciologia, Comunicologia e Parapedagogiologia. E vice-versa, examinando essas duas especialidades segundo a Parapoliticologia. Ora, comunicações midiáticas e científicas podem ser estudadas pela Comunicologia. Valoriza-se aqui a formação universalista qualificada, somando-se às visões da Pedagogia e da Educação, para além das formações políticas dos partidos. Possíveis vantagens da separação analítica entre os temas propriamente políticos e os ideológicos serão aqui tratados, relacionados à política brasileira, francesa, mundial e em geral, quer dizer, no que se refere à evolução consciencial e à holopensenidade, a qualidade do conjunto de pensamentos, sentimentos e energias, e com isso o desenvolvimento social, histórico.

Introduction

Analyse. La politique et l'idéologie se nourrissent mutuellement d'habitude, mais ne sont pas aisément interchangeables. Au contraire, elles peuvent se nuire réciproquement. Dans les analyses stratégiques, théoriques ou théatiques (théorico-pratiques), selon l'origine de leurs auteurs ou formulateurs – en général correspondant, ici, à des 1. Militants, 2. académiciens ou 3. conscienciologues/parapoliticologues -, la distinction est indispensable à l'objectivité et à la scientificité du chercheur.

1. **Militance.** Dans ce premier cas, c'est-à-dire, si l'auteur de l'analyse est un militant, le lecteur devra s'attendre à la prépondérance de la stratégie sur la profondeur théorique critique ; de la passion sur l'objectivité ; de l'activisme et de l'exhortation idéologique autoritaire sur la raison et la prudence scientifique. Le parti-pris idéologique de l'auteur tend à confondre aisément politique et idéologie. Dans l'enquête, la connaissance des idéologies facilite au chercheur le déchiffrage de la communication, soit-elle effectuée sous forme de pamphlet, article de journal, parmi d'autres genres.

2. **Académisme.** Dans le cas de l'académicien de la science conventionnelle, il est probable que l'idéologie, le courant ou la tendance idéologique de l'auteur ou du milieu l'emporte sur la politique, ou la théorie sur la pratique. En tout cas, il sera herméneutiquement utile et prudent de connaître l'appartenance ou préférence idéologique de l'auteur de la communication scientifique ou philosophique examinée.

3. **Parapoliticologie.** Chez les auteurs-chercheurs sous le paradigme conscientiel, enfin, la connaissance des idéologies aidera les parapoliticologues à discerner entre politique et idéologie tout au long de l'édification de plans *maxi*proéxologiques (proéxis = programme existentiel) *cosmo*éthiques unissant théorie et pratique – théatique.

Politique. La *politique* démocratique est capable de réunir des secteurs populaires ou universitaires autour du but politique commun de l'installation d'une bibliothèque publique ou d'un centre culturel, par exemple, au-dessus d'autres préférences personnelles - politico-idéologiques ou autres.

Idéologie. Tandis que les *idéologies* peuvent confronter ou intriguer ces mêmes gens, tout en les poussant, encore, à soutenir ou attaquer gouvernements et partis, souvent sans profit pour la communauté en absence d'une union *politique* stratégique citoyenne.

Contexte

Mouvement. On se souvient qu'au Brésil les citoyens gagnèrent les rues en juin 2013 - rappelant des mouvements politiques comme le Mai 1968 en France, malgré les différences idéologiques entre ces deux mouvements -, en des inédites manifestations populaires de masse contre le gouvernement ; politiciens et partis furent désavoués ; contre la coupe du monde de football au Brésil ; pour une santé, une éducation, des services publics qualité FIFA.

Distinction. Repousser la gauche extrême ne signifie pourtant pas forcément soutenir l'extrême droite – ce serait une posture purement *idéologique.* Il s'agit bien plutôt de soutenir les intérêts du peuple, avec ou contre les politiciens – une attitude, celle-ci, surtout *politique.*

Système. Partis et politiciens détournèrent les revendications populaires manifestées en 2013 vers des buts électoraux.

POLITIQUE

Communicologie. Quant aux intellectuels, journalistes et experts, brésiliens et étrangers, mieux leur vaudrait connaître en profondeur les enjeux politiques pour leurs communications, au bénéfice du public, plutôt que concevoir des analyses simplistes déplorant par exemple l'avancée mondiale du conservatisme, tout en méconnaissant d'autres facteurs, comme la lutte populaire contre la corruption.

Continuation. Pour la continuité efficace de ce combat de la société et des citoyens contre la corruption, ainsi que pour le progrès national et les améliorations sociales - compte tenu de l'adaptation des activités humaines et du changement d'habitudes forcés depuis l'éclosion de la pandémie de covid-19 en 2019-20 -, il faut revenir à cet esprit de 2013, dont beaucoup de manifestants se laissèrent séduire par la candidature présidentielle et l'appui à celui qui aujourd'hui préside le Brésil (année-base : 2021).

Familles. Or, dans le système de la représentation politique au Brésil, deux familles - pour beaucoup d'autres, c'est malheureusement – se disputent le pouvoir tout simplement, plutôt que travailler pour les intérêts du peuple et du pays avant tout - les familles Lula da Silva et Bolsonaro, soutenues par leurs partisants *in*conditionnels -, rappelant ce qui se passait autrefois en France entre les Bourbon et les Orléans, ou légitimistes et orléanistes. Aujourd'hui, les Bolsonaro sont les équivalents idéologiques des Le Pen.

IDÉOLOGIE

Idéologies. Tandis que dans les élections présidentielles de 2018 les électeurs au Brésil préférèrent les extrêmes, les Français repoussèrent et la droite et la gauche l'année précédente, en élisant Macron président, avec une intéressante et sage composition, centriste, assemblant des éléments idéologiques et humains droitistes et gauchistes du mouvement En marche, puis parti, La république en marche (LREM).

Macron. *J'ai décidé qu'on allait créer un mouvement politique nouveau. C'est-à-dire un mouvement politique ni à droite ni à gauche. L'idée de ce mouvement politique c'est une dynamique face aux blocages de la société, c'est essayer d'avancer.* (Emmanuel Macron, 6 avril 2016, dans Lefebvre, 2018, p. 23).

Position. *Dans le cas de la présidence d'Emmanuel Macron, le fait qu'il se déclare ni de droite, ni de gauche, ou, comme il l'a dit récemment, et de droite et de gauche peut désarçonner plus encore. Son programme, présenté lors de la présidentielle, combine des mesures considérées en France comme de droite – la réforme du Code de travail – et des mesures considérées comme de gauche – les augmentations programmées des allocations aux adultes handicapés, ou bien celles concernant les retraités les plus pauvres. À cela s'ajoutent des mesures qui visent à un meilleur fonctionnement de la démocratie, comme la loi votée en juillet 2017 visant à restaurer « la confiance dans la vie politique » destinée à moraliser la vie politique de notre pays, ou la lutte contre la fraude fiscale ou encore la fraude aux prestations sociales.* (Lefebvre, 2018, p. 23 et 24).

Modération. Remarquons que, malgré des différences évidentes, droite et gauche se rapprochent sous bien de rapports, lorsqu'on voit comment ces deux tendances idéologiques se tiennent assez au réel, aux faits, à la logique, à la raison, à la science, à la vie, au bon sens, à la santé et à la tempérance morale, sociale, mentale et environnementale, au-delà de la simple idéologie, puisque justement ces courants ne sont pas extrémistes. Pour atteindre leurs buts politiques et idéologiques et en accord avec leurs natures modérées, cette attitude leur sert souvent d'autant mieux, malgré l'acharnement contre la modération et les modérés – et pour cause - de la part des extrémistes.

Extrémisme. La différence essentielle entre l'extrême gauche et la gauche, d'un côté, et l'extrême droite et la droite, d'un autre, semble souvent plutôt de *nature* ou substance que de degré ; tandis que les deux pôles idéologiques se rapprochent volontiers en bien de vues, faits et attitudes ; des positions dont l'émotionalité montante, d'ailleurs, surajoutée au parti-pris, pourrait bien-sûr nuire l'exemption de tout fanatisme avant quelque décision ou évaluation pondérée et rationnelle concernant l'efficacité cosmoéthique.

Convergences. Chez les extrêmes on pourra remarquer des convergences apparemment étonnantes, selon circonstance et moment historique, comme : *idéologie* politique et de parti au-dessus de la science, enfin, assujettissement de la science, souvent mêlée au populisme religieux, chez l'extrême-droite surtout ; *isolationnisme* nationaliste ou chauvinisme isolationniste - au lieu d'éventuelles politiques internationales d'inspiration nationaliste mêlées à l'universalisme pacifiste et humaniste suivant des politiques pour le développement durable ; *persécution* des opposants ; *restriction* progressive de la liberté démocratique de manifestation ; *censure* aux médias libres et indépendants ; *répression* des minorités ; *dévastations* environnementales irresponsables et criminelles.

Militants. Dans l'extrême droite au Brésil, par exemple, on remarque, surtout chez des dirigeants et militants, on dirait un certain malaise envers la *modernité* et beaucoup de ses produits idéologiques et conséquences politiques, dont le multiculturalisme, les émigrations, les avant-gardes culturelles, comme l'esprit scientifique, voire le pluralisme démocratique.

Réaction. Ces réactionnaires brésiliens d'aujourd'hui rappellent des consréus – consciences réurbanisées – à l'esprit médiéval, regrettant en leurs manifestations politiques, par exemple, la monarchie, la religion et la torture, lorsqu'ils s'insurgent contre la République, la science et les droits humains. Certains d'entre eux croient même à une terre plate.

Électeurs. Cependant, chez *l'électorat* en gros de Bolsonaro, les électeurs *ideólogiques* n'étaient pas tellement nombreux. La plupart des électeurs du président au second tour, sans doute, se montrant capable en quelque sorte de distinguer entre l'idéologie stricte, étroite, et la *macro*politique, au-delà de la dispute des partis pour plus de pouvoir, espérait, à côté des opinions morales et philosophiques de chacun, avec les désirs et souhaits correspondants, *surtout* des politiques efficaces autour de questions concrètes urgentes comme la reprise de l'économie nationale, après le ravage du gouvernement corrompu de *l'ultra*gauchiste Parti des Travailleurs – PT.

Échec. Contre l'échec, éventuel ou fréquent, des politiques, ou contre le *manque* de plan de la part de gouvernements fortement idéologiques, des militants pourraient souhaiter et obtenir un incrément ou durcissement idéologique ; en provocant de la sorte, avec le nouvel échec politique, faute de capacité politique et administrative de gouvernants et politiciens, encore plus de soupçon de la part de beaucoup contre l'idéologie - et contre l'idéologie dont il est question en particulier.

Démocratie

Liberté. À propos de la démocratie, il faut rappeler aux citoyens qu'il ne s'agit pas de liberté tout court. Autrement, des gens pourraient confondre, les plus inexpérimentés politiquement surtout, la démocratie avec l'anarchie, ou quelque modalité au fait dictatoriale basée sur la loi du plus fort. Après tout, on n'a pas le droit d'opprimer qui que ce soit. On n'est pas libre pour conspirer contre le droit du peuple à la pluralité d'opinions, en supprimant petit à petit la démocratie, pour la remplacer par la pensée et le parti uniques. Bref, la démocratie est un contrat social en construction continuelle, par moyen du débat libre entre les différents courants, secteurs et individus démocratiques de la société. Les démocraties admettent donc les *libertés responsables,* dans *l'ordre démocratique.*

Partis. La démocratie comprend aussi, bien-sûr, les libertés fondamentales de presse, de manifestation, le libre-penser, la liberté d'association, de parti, tout en respectant le droit à la non-appartenance à aucun parti et en garantissant le droit de cité à chacun indépendamment de ses opinions. Enfin, les libertés démocratiques s'étendent au-delà de la liberté personnelle ou collective d'opinion et manifestation. Car la *pluralité* doit être également garantie et respectée.

Pluralisme. Le pluralisme, un principe essentiel à la démocratie, quoique parfois moins rappelé que la liberté, requiert, outre la liberté des individus, des groupes minoritaires et majoritaires et leurs constituants, le respect social, civil et étatique pour eux, c'est-à-dire, l'égalité de droits pour tous. Bien plus, la coexistence, les rapports, les échanges incessants de propos, avis et connaissances au milieu de cette diversité pourront enrichir, culturellement et politiquement, chaque jour davantage, les sociétés mondiales vers une humanité plus unie et solidaire ; avec des consciences plus cultivées, produisant un nombre croissant de consciences savantes et parapsychiques, capables de se projecter lucidement pour contacter des dimensions, des consciences et des sociétés extraphysiques ; pour apprendre, enseigner et assister encore plus.

Enjeu. Or, l'enjeu politique à présent dans le monde est plutôt politique que simplement politico-idéologique ou partisan-idéologique. Il s'agit bien plutôt de savoir *si* politiciens et gouvernements, quelle que soit leur idéologie et parti, sont capables et honnêtes ; il faut que nous défendions les intérêts des citoyens ; contre les abus, les privilèges et la corruption - par des politiciens, gouvernements et partis.

Union. C'est donc un combat démocratique ou un effort collectif du peuple contre ces trois derniers, lesquels nous séparent volontiers dans des luttes souvent inutiles ; c'est une union, enfin, contre le crime en général. Pour établir finalement la démocratie, avec la direction réelle de la société par le peuple.

Éducation

Évolution. À coté de l'éducation générale autodidacte incessante, permettant l'élargissement de la culture universelle de genre encyclopédique, l'éducation politique soutiendra les citoyens en leurs formations intellectuelles, vers des connaissances théoriques et pratiques utiles à l'évolution conscientielle de chacun et des sociétés.

Participation. La participation de plus en plus consciente des individus, en des sociétés libres et ouvertes à la participation populaire, produira des institutions - de premier, second et troisième secteurs - plus assistantes, intéressant la continuation de l'évolution conscientielle et sociale.

Science. Dans le domaine des études scientifiques de la politique sous l'approche du paradigme conscientiel, parmi d'autres aires intéressant directement l'augmentation des connaissances sur la conscience et son évolution, des spécialités conscienciologiques telles que la *communicologie* et la *parapédagogiologie* sont des outils nouveaux, qui s'ajoutent à d'autres vers ce dessein évolutif, au choix du chercheur, avec son discernement, ses capacités et connaissances, en ses recherches et *communications évolutives*.

Communication

Évolution. La néoscience *communicologie* nous permet d'étudier critiquement, tout en les comparant sous un regard transdisciplinaire, les communications de toute sorte et origine, veillant aussi à leur véracité, ainsi qu'à la fidédignité des sources, des communications comprenant également des informations qui pourraient soutenir les améliorations envisageables de notre propre communication multidimensionnelle.

Médias. Parmi les moyens communicationnels de masse, on pourrait référer, dans cet âge multimédiatique des communications et informations globales, quelques ressources audiovisuelles récentes, à grand effet ou à large portée : le cinéma, la télévision et l'internet.

Cinéma. L'ancienne invention française, le cinématographe - un développement d'une autre invention française, la photographie -, où la séquence de photogrammes reproduit des mouvements, est aujourd'hui une production mondiale constante permettant des *regards divers.* Pour *connaître et réfléchir,* nous disposons à présent du genre *documentaire,* par exemple, dont les films documentaires *scientifiques.* Les *bons films fictionnels* peuvent accomplir ce même effet parmi leurs spectateurs. Peuvent être mis en scène, parmi d'autres, des scénarios basés sur des histoires ou événements *réels.* On peut voir des films à la *reconstitution historique* aidant notre apprentissage. *D'autres genres fictionnels* peuvent favoriser pédagogiquement l'évolution conscientielle en transmettant, parfois ou souvent, des informations et des visées inattendues, originales, ou tout de même importantes, ou alors provoquer des associations mentales mettant en marche le corps du discernement, le corps mental ou *mentalsoma.*

TV. La télévision, c'est-à-dire, la vision à distance, en partant de la technologie cinématographique de la reproduction séquentielle d'images de mouvements, y ajoute le principe technologique de la *transmission synchronique,* en direct, de plusieurs types d'émissions journalistiques et éducatives, à côté de la reproduction des films cinématographiques traditionnels.

Internet. Les ressources technologiques multimédiatiques de l'internet, enfin, sont un média permettant à l'usager l'accès aux communications cinématographiques et télévisées. Bien plus, l'interaction entre les gens y est plus aisée, soit par l'utilisation de moyens comme le courrier électronique, le courriel, soit dans des réseaux sociaux, soit entre récepteurs - c'est-à-dire consommateurs des médias plus traditionnels, comme la télé et les journaux - et émetteurs. À propos, la question de la condition d'auteur de communications proprement devient plus accessible à chacun, ainsi que la publicité des œuvres, soient-elles des livres, des cours, des conférences, parmi d'autres possibilités informatives et éducationnelles.

Considérations Finales

Évolution. Bref, la parapédagogiologie pourra profiter, de façon discernée et avec des critères, des facilités communicationnelles, parmi d'autres ressources de la modernité, dans les tâches continuelles de formation culturelle, cognitive et cosmoéthique, vers une meilleure éducation politique et générale des consciences humaines favorisant des connaissances et des coexistences démocratiques plurielles, avec le respect humaniste et solidaire, pour la vie, l'environnement et l'évolution conscientielle.

Bibliographie spécifique

1. **Aron,** Raymond ; ***Dix-huit leçons sur la société industrielle ;*** 384 p. ; 2 parties ; 18 chaps. ; préf. ; intr. ; 9 énus. ; 16,4 x 11,0 x 2,40 cm ; br. ; *Idées ;* St.-Amand, Cher, France ; 1962.

2. **Lefebvre,** Alain ; ***Macron le Suédois ;*** 270 p. ; 7 chaps. ; intr. ; concl. ; remerc. ; 37 réfs. ; 1 photo ; 1 microbiographie ; 19,0 x 12,6 cm ; br. ; *Puf ;* Mayenne, France ; 2018.

3. **Pereira,** Jayme ; ***Princípios do Estado Mundial Cosmoético ;*** col. Dulce Daou *et al. ;* préf. Rosemary Salles ; rév. équipe des reviseurs d'Editares ; 306 p. ; 3 sections ; 25 chaps. ; 8 citations ; 21 courriels ; 142 énus. ; 58 étrs. ; 1 photo ; 1 microbiographie ;

1 tabl. ; 20 sites web ; postf. ; glos. 84 termes ; 107 réfs. ; 9 webgraphies ; 1 annexe ; alph. ; géo. ; ono ; 23 x 16 cm ; br. ; *Associação Internacional Editares* ; Foz do Iguaçu, PR, Brésil ; 2013.

4. **Rouanet,** Marcelo ; ***A Consciência Multifacetada: Análises Transdisciplinares da Evolução Consciencial ;*** préf. Maria Cristina Bassanesi ; 368 p. ; 2e Éd. ; 7 parties ; 46 chaps. ; 2 courriels ; 49 énus. ; 1 schéma ; 1 photo ; 1 microbiographie ; 4 tableaux ;
1 site web ; glos. 137 termes ; 285 réfs. ; 1 webgraphie ; alph. ; géo. ; ono. ; 23 x 16 x 2,2 cm ; br. ; *Armazém Digital* ; Porto Alegre, RS, Brésil ; 2013.

5. **Idem** ; ***Evolução da Consciência e Parapolítica: Análises Transdisciplinares Críticas ;*** 278 p. ; 8 parties ; 12 chaps. ; 21 cits. ; intr. ; 2 courriels ; 37 énus. ; 1 photo ; 1 graph. ; 1 microbiographie ; 4 tableaux ; 1 site web ; glos. 133 termes ; 117 réfs. ; alph. ; géo. ; ono. ; 23 x 16 cm ; br. ; *Armazém Digital* ; Porto Alegre, RS, Brésil ; 2018.

6. **Seno,** Ana ; ***Comunicação Evolutiva nas Interações Conscienciais*** ; préf. Málu Balona ; rév. équipe de réviseurs d'Editares ; 342 p. ; 4 seccions ; 29 chaps. ; 36 cits. ; 1 diagr. ; 22 courriels ; 70 énus. ; 2 schémas ; 2 fluxogrammes ; 1 photo ; 4 ilus. ; 1 microbiographie ; 10 tableaux ; 20 sites web ; glos. 181 termes ; 17 films ; 183 réfs. ; 2 appends. ; 23 x 16 cm ; br. ; *Associação Internacional Editares* ; Foz do Iguaçu, PR, Brésil ; 2013.

7. **Vasconcelos,** J. ; ***Democracia Pura ;*** 328 p. ; 3 parties ; 13 chaps. ; préf. Dr. Antonio Silvio Curiati ; intr. Prof. Dr. Horst Haas ; 67 énus. ; 6 schémas ; 4 tableaux ; 128 réfs. ; 1 photo ; 23 x 16 cm ; br. ; 8e éd. ; Exterior ; São Paulo, SP, Brésil ; 2017 .

8. **Vieira,** Waldo ; ***700 Experimentos da Conscienciologia ;*** 1 058 p. ; 700 chaps. ; 300 tests ; 8 index ; 2 tableaux ; 600 énus. ; 5 116 réfs. ; glos. 280 termes ; 147 abrs. ; géo. ; alph. ; 28,5 x 21,5 x 7,00 cm ; enc. ; *Instituto Internacional de Projeciologia e Conscienciologia* (IIPC) ; Rio, RJ, Brésil ; 1994.

Article original

L'intégralité du conflit : une approche multidimensionnelle et multiexistentielle

Conflict's Integrality: Multidimensional and Multiexistential Approach

A Integralidade do Conflito: Abordagem Multidimensional e Multiexistencial

Jacqueline Nahas*

* Diplômée en administration publique. Bénévole et chercheuse de la conscienciologie depuis 1992. Bénévole en France à l'*Associação Internacional de Pesquisas Seriexológicas e Holobiográficas* (CONSECUTIVUS) et à l'*União Internacional de Escritores da Conscienciologia* (UNIESCON).

jnahas29@gmail.com

Mots-clés
Conflits
Médiation multidimensionnelle
Paradiplomatie
Polémologie
Réurbanisation extraphysique

Keywords
Conflicts
Multidimensional mediation
Paradiplomacy
Polemology
Extraphysical reurbanization

Palavras-chave
Conflitos
Mediação multidimensional
Paradiplomacia
Polemologia
Reurbanização extrafísica

Article reçu le : 07.09.2020.
Approuvé pour la publication le : 10.08.2021.

Résumé :

Cet article propose une nouvelle approche aux conflits et médiations, ainsi qu'à l'importance de la qualification du paradiplomate lucide, par rapport au mouvement de réurbanisation extraphysique qui déclenche une vague de violences et barbaries, conséquente aux renaissances massives de consciences en état anachronique d'évolution. La méthodologie a été l'observation, l'utilisation du parapsychisme, la recherche et le vécu des cas de conflits et leur étude approfondie. Ce travail, même si débutant, contribue à éveiller l'intérêt des médiateurs et chercheurs en conflitologie, polémologie et irénologie.

Abstract:

This article proposes a new approach to conflicts and mediations and to the importance of the lucid paradiplomat's qualification, about the movement of extraphysical reurbanization that triggers a wave of violence and barbarism, consequent to the massive rebirth of consciousnesses in an anachronistic state of evolution. Methodology was observation, use of parapsychism, research of and experience with conflict cases and their in-depth study. This work, still in its beginnings, helps to arouse the interest of mediators and researchers in conflictology, polemology and irenology.

Resumo:

Este artigo propõe nova abordagem para os conflitos e as mediações e a importância da qualificação do paradiplomata lúcido, com relação à reurbanização extrafísica que desencadeia a onda de violências e barbáries, consequentes aos renascimentos massivos de consciências em estado anacrônico evolutivo. A metodologia foi a observação, utilização do parapsiquismo, pesquisa e vivência de casos e o estudo aprofundado dos conflitos. Esse trabalho, ainda inicial, contribui para despertar o interesse dos mediadores e pesquisadores da Conflitologia, Polemologia e Irenologia.

INTRODUCTION

Objectif. Cet article a pour objectif d'apporter une nouvelle approche du conflit, de manière intégrale, sous l'abordage du paradigme conscientiel, et détailler la dynamique du système conflictuel et ses interactions, analysés par le biais multiexistentiel. Cette recherche a été développée pendant les années d'étude en administration publique, enrichie par l'expérience et l'observation du bénévolat paradiplomatique à l'UNICIN - *União das Instituições Conscienciocêntricas Internacionais* - à Foz do Iguaçu, Brésil.

Origines. Selon Vinyamata et cols. (2005, p. 26), les origines de la conflitologie sont très anciennes, comme l'humanité, mais les premières systématisations débutent entre 1950 et 1960 avec une expansion en

1970. Plusieurs noms sont importants dans l'étude de la conflitologie, Mary Parker Follet, Kenneth Building, Galton et Burton, sans oublier Ury, Zartmann, Curle et beaucoup d'autres. Entretemps, un important l'obstacle n'a pas été surpassé : le paradigme *matérialiste*.

Iceberg. Tel qu'un *iceberg*, le conflit conserve une partie de sa composition cachée. Tel fait se doit à la méconnaissance des autres dimensions existantes et de la composante multiexistentielle de notre nature.

Réurbanisation. Ce sujet est actuel et prépondérant dans l'actualité (année-base 2020) dû à la réurbanisation extraphysique, mouvement témoigné et décrit par plusieurs projecteurs lucides, car peu à peu le niveau de violences, conflits et agressivités sera majeur.

Evolution. La réurbanisation extraphysique, reurbex, est le changement de l'environnement ou des communautés extraphysiques maladives, anticosmoéthiques et dégradés, parrainé par les *supersereins*, des consciences plus évoluées, dans le but de hygiéniser l'holopensene intraphysique sur lequel ils exercent une influence anti-évolutive et délétère (Vieira, 2003 ; p. 244).

Anachronisme. Les conséquences de cette réurbanisation sont des renaissances massives de consciences réurbanisées, dans un état anachronique d'évolution, c'est-à-dire, elles se trouvent à la dimension extraphysique il y a trop longtemps sans interaction avec d'autres consciences, de différents niveaux d'évolution.

Violences. Les violences seront de plus en plus courantes, conséquences de cette réurbanisation. Comme en août 2020 à Paris, après août 2020 après un simple *match* de football. Sans aucune raison ou motif justifié, détruire pour détruire, bagarrer pour bagarrer, les incidents *explosent* avec une *rage inexpliquée.*

Renaissances. Pour pouvoir gérer et faire face à cette vague de renaissances de consciences belliqueuses et les conflits qui en découlent, il faut connaître la réalité extraphysique.

Autoexpérimentation. L'autoexpérimentation, une des bases du paradigme conscientiel, est fondamentale pour toute personne, homme ou femme, chercheurs, qui s'intéressent à la conflitologie, polémologie et l'irénologie.

Clé. Il est indispensable de développer la projection lucide et le parapsychisme pour avoir accès aux informations extraphysiques ; la clé pour élargir sa lucidité par rapport aux conflits et à la réurbanisation.

Sections. Cet article contient l'introduction et 4 sections comprenant :

1. **Une nouvelle approche paradigmatique** - où nous expliquons que cette étude a été développée sous le paradigme conscientiel, en présentant ses fondements et l'importance du parapsychisme.
2. **Le conflit, la paragénétique et la bellicosité** - où nous expliquons le conflit, ses catégories, la paragénétique.
3. **L'holokarma d'un groupe ou d'une nation** – l'holokarma et ses hypothèses dérivant des conflits, la paradiplomatie, la parahistoire, les variables du système entropique, les étapes pour la paix, la parathérapeutique.
4. **Les *protagonistes* des conflits, le harcèlement extraphysique et les assistants** - le harcèlement, la médiation interdimensionnelle et son importance, les protagonistes et la consciencialité du groupe.

Conclusion. L'avancement de la médiation et les procédures efficaces, le développement de la projection lucide et la maîtrise des énergies conscientielles.

I. Une nouvelle approche paradigmatique

Dimensions. Quand on ne tient pas compte de la multitude de dimensions qui existent dans l'Univers, une très grande partie de la réalité reste inconnue à la plupart des personnes. Un certain nombre de questions ne trouve pas de réponse.

Responsabilité. Par ailleurs, l'humanité a délégué cette connaissance au domaine des religions, sans assumer la responsabilité de la lucidité évolutive.

Projections. Les projections conscientielles lucides ou les expériences hors du corps physique sont des véritables atouts pour découvrir cette réalité.

Fondements. Pour comprendre un peu plus la conscience, le paradigme conscientiel a été proposé selon les fondements ci-dessous, en ordre alphabétique :

1. **Autoexpérimentation :** à partir de l'autoexpérimentation, la projection lucide est un outil important pour l'étude de la conscience. La conscience est simultanément le *chercheur* et le *laboratoire conscientiel.*
2. **Bioénergétique :** assume l'existence de l'énergosoma, le corps des énergies et son application lucide.
3. **Cosmoéthique :** le paradigme conscientiel a pour philosophie morale la cosmoéthique ou morale cosmique - un principe plus étendu que la morale humaine - qui considère les vies consécutives, les multiples relations interpersonnelles, les différents véhicules de manifestation, la qualité de nos pensées, sentiments et énergies et leurs répercussions.
4. **Holosomatique :** admet l'existence du holosoma, l'ensemble des corps ou véhicules de manifestation de la conscience, formé par le *soma,* le corps physique, l'*énergosoma,* le corps des énergies, aussi connu sous le nom de *holochakra,* le *psychosoma* ou corps des émotions et le *mentalsoma,* le corps mental du discernement.
5. **Multidimensionnalité :** la conscience se manifeste avec ses véhicules, spécifiques dans de multiples dimensions. Par conséquent, à travers la maîtrise volontaire des projections conscientes – expériences hors du corps – le chercheur a l'occasion de vérifier cette réalité, car il contactera des réalités non-physiques.
6. **Sérialité :** principe selon lequel la conscience est multiexistentielle, c'est-à-dire que la personnalité se soumet à une série d'existences, à savoir, de multiples vies humaines s'intercalent avec des périodes dites *intermissives,* entre les vies humaines.
7. **Universalisme :** l'ensemble des idées dérivées de l'universalité, de la Nature et de l'Univers, qui à travers tous les champs de recherche implique le *microunivers* des consciences, s'étendant à l'Univers, où ils se trouvent tous immergés. Face à cette prémisse, elle se détache des groupuscules, nationalismes exacerbés, préjugés de toutes sortes, frontières entre pays.

Parapsychisme. Selon Vieira (1999, p. 799), le parapsychisme est la faculté psychophysiologique parapsychique de sentir, s'apercevoir et capter les influences directes des dimensions et consciences extraphysiques, y comprises les consciences intraphysiques hors le corps humain ; encore selon lui (1999, p. 257), « un simple petit déplacement de la *paratête du psychosoma* prédispose déjà à la manifestation de la plupart des types de parapsychisme ».

Pararéalité. Dans les analyses du conflit et de la médiation, le parapsychisme sera un important paramètre pour la détection de la pararéalité, pour connaître les groupes de manière intégrale et contribuer *largement* à l'élaboration d'une solution.

II. Le conflit, la paragénétique et la bellicosité

Polémologie. Le juriste et sociologue, docteur en droit et docteur en lettres, Gaston Bouthoul (1896–1980) a proposé en 1942, le néologisme polémologie, pour étudier la *science de la guerre.*

Indissociation. Selon Coste (2002, p. 3), la guerre est l'objet premier d'étude de la polémologie, et celle-ci a une fonction d'observation des *structures sociales* où l'agressivité naît et se développe. Et même en mettant son *focus* sur les phénomènes guerriers ou polémogènes, la réflexion finale de Bouthou, reste sur la paix, car pour lui la guerre et la paix sont indissociables.

Limitation. Au-delà de leurs buts, la polémologie, ainsi comme l'irénologie, la science de la paix, se trouvent limitées dans leurs recherches et études, par les barrières du paradigme matérialiste, où toutes les conceptions des causes réelles, multiexistentielles et multidimensionnelles, de toute sorte de conflits et de guerres, sont-elles exclues.

Dynamique. La vie conscientielle est dynamique, intense, et nous nous voyons souvent dans des situations de conflits, ceux-ci pouvant être intimes, de petits ou de grands groupes.

Définition. Dans une première acception, le conflit est une violente opposition de sentiments, d'opinions ou d'intérêts. Cette définition peut être applicable à chacun de nous, en tant qu'individus ou même à des groupes d'individus, aux états et aux nations.

Catégories. Vieira (2007, p. 941) nous montre que le conflit est présent dans toute la vie humaine à travers 3 catégories :

1. **Intrapersonnel.** Le conflit avec soi-même, intrasubjectif.
2. **Intrasystémique.** Le conflit avec ses véhicules de manifestation, intraholosomatique.
3. **Interpersonnel.** Le conflit avec le monde, intersubjectif.

Compréhension. La compréhension des conflits et son étendue immatérielle est déterminant pour la gestion, médiation, voire l'apprentissage à partir de son existence, au bénéfice de la paix entre les groupes, ou à la grande échelle, des nations en litige.

Modèle. Un nouveau modèle d'observation, médiation, interaction, perception et analyse des faits quotidiens, comme le paradigme conscientiel, permet de comprendre de manière intégrale les conflits, leurs dynamiques et dérivations.

Bilan. Depuis les temps anciens, l'humanité a utilisé la force et la domination, créant des conflits, surtout par rapport aux études du karma, la *karmalogie,* en *créant* un lourd bilan de *créanciers multimillénaires.*

Immaturité. Cette immaturité humaine nous ramène à un évident harcèlement continu et cyclique, où le bourreau et la victime échangent continuellement leurs rôles jusqu'à ce que l'un d'eux commence à quitter ce cercle vicieux.

Définologie. Conformément avec Vieira (2018, article encyclopédique *Conflituosidade*), « la conflictualité est l'état ou la caractéristique de la condition de contestation réciproque, contenant les conflits, confrontations, discussions, débats, opinions divergentes, relations tumultueuses, différentes générations humaines et frictions de têtes avec le profond manque de compréhension entre deux ou plusieurs parties. »

Paragénétique. La paragénétique est la spécialité qui étudie les traits physiques et psychiques au-delà de la génétique. Ces traits, homéostatiques ou nosographiques, s'accumulent au fil des vies intraphysiques, d'où ressortent les traits prédominants dans la vie actuelle.

Héritage. Notre héritage humain est clairement belliqueux, mais même si nous ne sommes pas sur un champ de bataille, nous préservons actuellement des traits de cette belligérance en confrontant autrui. Une évidence de celle-ci s'observe dans un inestimable instrument communicatif comme les réseaux sociaux, par exemple.

Réalité. Penser au-delà du point de vue matérialiste et physique nous remporte à d'autres instances d'actions qui coexistent et interagissent, ce qui explicite une vision élargie de la réalité, méconnue par la plupart des chercheurs.

Multidimensionnalité. Cette réalité immatérielle, nous appelons la *réalité multidimensionnelle,* où des différentes dimensions coexistent et interagissent. L'admission de son existence constitue l'un des fondements du paradigme conscientiel.

Paradiplomatie. Parmi les spécialités directement liées aux études des conflits nous trouvons un des piliers de la construction de la paix, la paradiplomatie, concentrée sur l'assistance et la conciliation des groupes.

Définition. La paradiplomatie est un ensemble d'actions interdimensionnelles, de base cosmoéthique, centré sur l'assistance interconscientielle, pour la construction et la manutention de la paix. Toute action d'assistance se fonde sur la paradiplomatie.

Elucidation. Ne pas confondre avec la *paradiplomatie d'état,* mot fréquemment employé pour les interrelations de base socio-commerciales directes d'entités sous-étatiques comme les états d'une fédération qui s'impliquent dans les relations internationales, parfois de manière autonome, directement, avec d'autres états ou villes de deux ou de plusieurs pays, sans suivre les voies officielles diplomatiques.

Synergie. Dans les accords conséquents aux médiations, la synergie est un des principaux objectifs, car la construction d'un dialogue pour la paix se fait toujours avec toutes les parties concernées. Sans ça, ils seraient, *a priori,* une invitation à l'échec.

Schéma. Pour bien comprendre les actions paradiplomatiques, il est important de comprendre la dynamique du conflit en question, les consciences impliquées, leurs attentes, et tout ce qui concerne la tâche de l'équipe de médiation. La base d'analyse d'un conflit partira toujours des consciences impliquées et des énergies ectopiques.

Variables. Parmi les constantes et variables de ce système entropique qui peuvent repérer les analyses, se trouvent huit en ordre alphabétique, ci-bas :

1. **Autoaffirmations.** Les besoins d'autoaffirmations dans le groupe.
2. **Bioénergétique.** Les bioénergies du groupe et des ambiances.
3. **Holosomatique.** Observations de l'action de tous les véhicules de manifestation, notamment du psychosoma, le corps des émotions.
4. **Intentionnalité.** Les intentions clairement démontrées ou sous-jacentes.
5. **Intérêts personnels.** De la manifestation instinctive sous-cérébrale à la manifestation mentalsomatique, rationnelle ou de fond manipulateur.
6. **Multidimensionnalité.** Le conflit sera toujours multidimensionnel, car l'interaction des consciences extraphysiques est un fait perceptible par le parapsychisme et se produit par les affinités.
7. **Multiexistentialité.** Il existe une implication des vies antérieures et une mémoire énergétique, sympathique ou antipathique, liées à ces expériences, agissant dans un nouveau contexte.
8. **Protagonisme.** Les *protagonistes, leaders,* intra et extraphysiques du conflit. L'identification du protagoniste et ensuite des mécanismes de manipulation dévoilés rendent le diagnostic plus facile à établir.

Evolutiologie. Concernant l'évolutiologie, les retrouvailles conscientielles démontrent des possibilités pour la réconciliation holobiographique.

Résolution. La résolution des conflits de groupe se fonde sur le rétablissement d'un dialogue entre les consciences, un état de prédisposition pour la solution, afin d'apaiser les énergies, en favorisant la lucidité et le *focus* sur une solution possible. Il ne faut pas oublier que quelques conflits ne sont pas médiables, ou de résolution immédiate. Vinyamata et col. (2005) avertissent sur la pratique de médiation :

> « Il convient d'avertir que la pratique de la médiation sans une connaissance suffisante en conflitologie peut être dangereuse, ou du moins inconvenante, comme cela est démontré dans les institutions et initiatives qui font confiance à des médiateurs qui ne connaissent que quelques techniques d'intervention plus ou moins ingénieuses, mais qui ignorent les causes et les fondements des conflits dans lesquels elles s'aventurent à intervenir. » (Vinyamata et col., 2005, p. 24)

Concessions. Néanmoins, dans la plupart des cas il faut choisir la solution convenable pour rétablir la paix, ou pour améliorer le plus possible la situation aux parties, car les concessions sont effectivement obligatoires pour un état de paix. La médiation existe et se centre sur les négociations de concessions des parties.

Etapes. Pour atteindre un état de paix, des étapes de négociations sont envisageables et même positives, dans l'enjeu de médiation, afin d'assister les consciences. Nous pouvons préciser que même dans les *phases* de médiations nous avons les quatre étapes suivantes, en ordre chronologique :

1. **La connaissance des vecteurs intraphysiques et extraphysiques ;**
2. **Les négociations et les concessions ;**
3. **La rééducation et les sanctions si nécessaires ;**
4. **L'implantation de la paix et la manutention de celle-ci.**

Importance. L'étude du conflit est pertinente, car il s'installe dans l'univers de la conscience et il bouleverse sa manifestation au long de l'évolution.

Évolution. A l'exemple de l'*Homo sapiens serenissimus*, surnommé le *superserein*, modèle évolutif avancé, et qui a maîtrisé tous ses véhicules de manifestation et se trouve proche de ses dernières vies humaines pour atteindre la prochaine étape de *conscience libre.* Nous pouvons établir l'hypothèse que plus évoluée est une conscience, plus intérieurement apaisée elle sera. Par conséquent, intérieurement paisible, elle ne s'immergera plus dans les conflits.

Processus. On peut énumérer au moins quatre actions qui apportent des gains d'évolution à la conscience :

1. La **compréhension** par les consciences du processus évolutif – où les actions, par le karma, vont produire des réactions, et celles-ci seront les conséquences saisies ;
2. L'**apaisement** intraconscientiel croissant, naturel au long de la sériexis ; série de vies existentielles humaines entrecoupées par des périodes intermissives extraphysiques.
3. L'**autorecherche** ; afin de connaître son mécanisme de manifestation conscientielle ;
4. Le ***recyclage* personnel,** la capacité que toute conscience a de s'étudier, se changer, s'améliorer et évoluer par sa propre volonté.

Nécessité. Quelques conflits mineurs quoique toujours totalement pernicieux, mettent en évidence la nécessité de changement et de l'expurgation d'une situation non résolue ou même mal résolue.

Sentiments. En général, les sentiments instinctifs d'égoïsme, domination et pouvoir sont à la base de la plupart des conflits, soient-ils individuels ou collectifs. Ce sont les *traits-fardeaux*, les *trafars*, les traits plus immatures de la conscience, individuels ou caractéristiques d'un groupe.

III. L'HOLOKARMA D'UN GROUPE OU D'UNE NATION

Paragénétique. La bellicosité acquise auparavant se maintient dans la manifestation de la conscience pendant plusieurs vies, atténuée en quelques situations certes, mais existante à nos jours.

Passé. Les conflits du passé ont laissé certainement leurs marques et cicatrices, lesquelles l'énergie met en évidence, car rien ne peut camoufler les énergies, même si nous ne les comprenons pas au premier abord.

Retour. Les conflits créent un karma d'égal effet et action, soient-ils individuels ou de groupe, ayant des répercussions délétères dans le même groupe conscientiel.

Nations. D'après Gustavo Vieira (2020), *l'holokarma des nations* est l'ensemble des conséquences évolutionnaires découlant de l'application de la loi de cause à effet du paradigme sur le compte courant du karma du groupe des consciences constituantes d'un peuple donné, avec une certaine unité politique et culturelle, possédant un large potentiel d'impact sur la *Socin,* société intraphysique, constituée de consciences intraphysiques qui s'expriment à travers le corps physique, dans la matière de la planète Terre.

Holokarmalogie. Afin de pouvoir étudier l'holokarma d'une nation dans l'intégralité de sa complexe manifestation, il est primordial de comprendre et principalement d'apporter l'approche sériexologique, paragénétique et de la para-histoire sur ce groupe socio-politique.

Para-histoire. Selon Costa & Mascarenhas (2014, p. 185) « la para-histoire est la science, fondée sur le paradigme conscientiel, appliquée à l'étude et enregistrement de l'histoire multidimensionnelle, prenant en compte les aspects intraphysiques, extraphysiques et multiexistentiels des consciences. Elle cherche à travers l'approche intégrale de la réalité à comprendre les phénomènes conscients qui se sont produits au fil du temps. »

Hypothèses. En pensant à l'holokarma des groupes ou nations et aux conditions de renaissance intraphysiques en groupe, conjuguées à la série de renaissances et à la réurbanisation extraphysique, on peut envisager les hypothèses suivantes sur les scénarios des conflits des nations et grands groupes, en ordre alphabétique :

1. **La colonisation ;**
2. **Les croisades ;**
3. **Les dominations ;**
4. **Les génocides ;**
5. **Les guerres ;**
6. **Les invasions ;**
7. **La traite esclavagiste ;**
8. **Les révolutions ;**
9. **D'autres interactions pathologiques interpersonnelles et entre groupes.**

Terrorisme. Une des hypothèses plausibles de retour de *karma* des croisades peut être *la vague terroriste* qui sombre sur la France et d'autres pays, notamment de base théocratique.

Application. A Chaque fois qu'il y a une interaction entre groupes, entre pays, cette interaction est *a priori* énergétique et ce lien perdure proportionnellement à sa nature, intensité et force appliquées à son origine.

Parathérapeutique. Selon Waldo Vieira (2007, p. 208), « ayant comme base la parathérapeutique, le terrorisme international exige 4 attitudes évoluées des consciences et des autorités » :

1. La néophilie et rénovation des *idioties culturelles ;*
2. La créativité dans l'extirpation des *traditionalismes anachroniques ;*
3. Le *recexis*, le *recyclage existentiel,* changement intrapsychique volontaire pour l'amélioration personnelle, personne à personne, partenaire à partenaire, bénévole à bénévole.

4. La *tade,* tâche d'éclaircissement, les *gestations conscientielles*, la polykarmalité, qui est le stage le plus avancé et élargi du karma, au-delà du groupe. »

Tade. Ce néologisme signifie *tâche d'éclaircissement* et est une assistance fondée sur la vérité des réalités, mais qui peuvent *changer* d'un moment à l'autre *à la lumière des recherches qui avancent*. Les *gestations conscientielles* constituent des productions évolutives pour servir à cette finalité.

Processus. Ce changement de processus est très lent et prend en compte le recyclage des protagonistes qui, peu à peu, au fil des vies humaines, augmentent leur lucidité et, avec l'aide des assistants, commencent à travailler pour l'humanité, d'abord en tant que victimes de leur propre déséquilibre, puis avec des positionnements anti-belliqueux.

IV. Les protagonistes des conflits, le harcèlement extraphysique et les assistants

Harcèlement. Un conflit peut présenter des protagonistes extraphysiques qui influencent les consciences intraphysiques par harcèlement et énergies. Ce harcèlement, toujours négatif, constitue un des plus grands fléaux de l'humanité à notre niveau évolutif. Un mal que la plupart des personnes ignore en souffrir.

Affinités. Cette *intrusion* est possible à cause des affinités de pensées, de sentiments et d'énergies qui se manifestent entre les deux consciences. Ce que nous nommons *pensene*, unité de manifestation pratique de la conscience, néologisme composé par les trois mots : pensée (la conception) + sentiment (émotion) + énergie, indissociables dans notre expression journalière.

Intervention. La dynamique d'un conflit est variable, selon les enjeux, les consciences et leurs revendications, requêtes, demandes, exigences. Nous pouvons trouver des consciences qui vont chercher à apaiser le groupe, ou, au contraire, des consciences qui veulent qu'il prenne des proportions majeures. Ce sont ces consciences qui doivent être identifiées pour le succès de la médiation.

Assistants. Cependant, en étant la médiation un instrument paradiplomatique de construction de la paix, à l'intention positive, l'aide des assistants pourra être assurée. Les assistants spécialisés en médiation travailleront toujours côte à côte avec le médiateur principal. Les assistants seront perçus par le parapsychisme.

Médiation. Selon Nahas (2006, p. 107) : « La médiation interdimensionnelle dans le conflit est une manifestation mentalsomatique lucide, cosmoéthique et d'assistance, avec une perceptibilité énergétique, visant à établir et à faciliter la communication et la compréhension entre les consciences de deux dimensions et/ou plus. »

Éclaircissements. La médiation interdimensionnelle apporte des éclaircissements supplémentaires aux situations de conflits et des précieux outils pour l'équipe de médiation. Mais c'est important de préciser que même le médiateur a des *liens karmiques* avec les individus ou les groupes, et, pour son autodéfense, il faut qu'il maîtrise ses énergies conscientielles.

Paradiplomate. Le paradiplomate constitue une fonction plus avancée que le médiateur interdimensionnel, car son rôle n'atteint pas que la médiation en soi, un moyen de communication ou négociation, il va plus loin, dans une tâche côte à côte avec les *assistants extraphysiques*, des consciences protectrices avec une lucidité plus élargie.

Changement. Le changement intime des consciences est un mécanisme lent, comptant quelques millénaires. Waldo Vieira (2007, p. 208) nous rappelle « les 5 signes de guérison personnelle de la *psychose belliqueuse :* l'objection de la conscience, le dégoût de la guerre, le droit à la résistance, la désobéissance civile, l'exemple du pré-déserteur. »

Pouvoir. Les protagonistes des conflits ont ce rôle majeur dû à leur responsabilité et ascendance sur leur groupe. Le changement d'un protagoniste peut modifier le comportement de tout le groupe. Dans les conflits en général nous pouvons établir le rôle des consciences convergentes avec :

1. **L'assistance :** avec un niveau plus haut de lucidité, cosmoéthique et discernement ;
2. **L'antagonisme :** caractérisées par un niveau très bas de lucidité et discernement, démontrant leurs énergies belliqueuses, vers le conflit ;
3. **La catalyse :** l'effet subliminaire des contre-pensées envers la paix ;
4. **L'énergie :** l'alimentation des consciences énergivores, *guides aveugles, consciences extraphysiques proches qui ont comme but protéger et aider, mais sans discernement. Pour aider une personne elles peuvent nuire à d'autres* et *mégaharcéleurs, consciences qui harcèlent un grand groupe de consciences, avec une certaine lucidité à propos le mal qu'ils produisent,* liées par le *karma* au conflit.

Évaluation. L'évaluation de la consciencialité du groupe est importante pour le choix de la communication du paradiplomate. Plusieurs facteurs peuvent démontrer son niveau :

1. **Cosmoéthique :** le niveau de cosmoéthique ;
2. **Néophilie :** le niveau de néophilie ;
3. **Autoconscience :** le niveau d'autoconscience multidimensionnelle des individus ;
4. ***Recyclage existentiel* :** la capacité de rebondir et changer son *microunivers conscientiel*, en entreprenant son recyclage de vie.

Communication. La manière dont le paradiplomate communique avec le groupe est la base de toute négociation, d'où l'importance de la sémantique et de concepts clairs pour tous. Une bonne et efficace communication fait partie du processus d'apaisement du groupe.

Conclusion

Intégralité. Le conflit doit être observé, étudié le plus possible dans son intégralité, afin de pouvoir définir les paramètres de son essence et les requêtes des parties.

Outil. La médiation interdimensionnelle fait partie des fonctions du paradiplomate et est un outil avancé pour l'apaisement des conflits, ce qui exige de la qualification et une préparation pour les négociations.

Connaissance. Pour cette qualification il est indispensable l'acceptation, la connaissance et l'amélioration du parapsychisme, ainsi que de la lucidité envers les paraperceptions. Une nouvelle réalité s'ouvre à la médiation des antagonismes.

Développement. Pour reconnaître cette réalité multiexistentielle et multidimensionnelle, il est *obligatoire* de développer sa lucidité extraphysique à travers la projection lucide et la maîtrise des énergies conscientielles.

Qualification. Les temps actuels exigent une qualification dans la médiation, face à la réurbanisation extraphysique et à l'augmentation de la violence à tous les niveaux.

Existence. Les procédures décrites sont les plus avancées que nous connaissons à nos jours, dans l'univers des conflits, de la médiation et de la paradiplomatie, parce qu'elles permettent d'élargir la lucidité et connaître la vraie ampleur de l'antagonisme, subséquemment à la dimension matérielle et dans d'autres encore plus subtiles, mais toujours existantes et actives dans le système des affrontements.

***LA** RÉALITÉ EXTRAPHYSIQUE **DU CONFLIT EST PLUS AMPLE QUE LE CONFLIT EXPLICITÉ INTRAPHYSIQUEMENT. LA** PARADIPLOMATIE **EST L'OUTIL AVANCÉ D'ASSISTANCE COSMOÉTHIQUE, LUCIDE ET INDÉLÉBILE EN FAVEUR DE** L'HUMANITÉ.*

BIBLIOGRAPHIE SPÉCIFIQUE

01. **Costa**, Sofia ; **Mascarenhas,** Milena ; ***Fundamentos do Colégio Invisível da Para-História ;*** article ; Revue ; *Conscientia ;* Trimestrielle ; vol. 18 ; n. 2 : *Associação Internacional do Centro de Altos Estudos da Conscienciologia (*CEAEC) ; Foz do Iguaçu, PR ; Brésil ;avr.-jun., 2014 ; pages 185 à 194.

02. **Daou,** Dulce ; ***Homo sapiens paradiplomaticus ;*** article ; Revue ; *Conscientia ;* Trimestrielle ; vol. 10 ; n. 4 ; Section: Thèmes de la Conscienciologie ; 1 E-mail ; 19 enus. ; 1 tab. ; 3 notes ; 11 réfs. ; *Associação Internacional do Centro de Altos Estudos da Conscienciologia (*CEAEC) ; Foz do Iguaçu, PR ; Brésil ; oct.-déc., 2006 ; pages 325 à 333.

03. **Nahas,** Jacqueline ; ***Bastidores Paradiplomáticos ;*** article ; dans: **Vieira,** Waldo ; Org. ; ***Enciclopédia da Conscienciologia ;*** prés. Coordination d'ENCYCLOSSAPIENS ; réviseurs équipe de réviseurs de l'ENCYCLOSSAPIENS ; 27 vols. ; 23 178 p. ; vol. 7 ; 1 112 citations ; 11 chronologies ; 33 courriels ; 206 055 énus. ; 602 spécialités ; 1 photo ; glos. 4 580 thèrmes (articles encyclopédiques) ; 701 microbiographies ; 270 tableaux ; 702 encyclopédistes ; 28 *sites web* ; 670 films ; 54 vidéographies ; 1 087 webgraphies ; 13 896 réfs. ; 9e éd. rév. et augm. ; *Associação Internacional de Enciclopediologia Conscienciológica* (ENCYCLOSSAPIENS) ; & *Associação Internacional Editares* ; Foz do Iguaçu, PR ; Brésil ; 2018 ; ISBN 978-85-8477-118-9 ; pages 4 621 à 4 625.

04. **Idem ;** Jacqueline ; ***Resolução de Conflitos Grupais e Conciliabilidade ;*** Article ; *II Jornada de Administração Conscienciológica ;* São Paulo, SP ; 12-15.10.06 ; Revue ; *Conscientia ;* Trimestrielle ; éd. Spéciale ; vol. 10 ; n. 1 ; section : *Temas da Conscienciologia* ; 1 courriel ; 17 énus. ; 1 schéma ; 8 réfs. ; *Associação Internacional do Centro de Altos Estudos da Conscienciologia* (CEAEC) ; Foz do Iguaçu, PR ; Brésil ; Janvier-Mars, 2006 ; pages 102 à 111.

05. **Vieira,** Gustavo ; ***Holocarma das Nações ;*** article ancyclopédique ; dans Vieira, Waldo ; org. ; *Enciclopédia da Conscienciologia ;* article encyclopédique 5163 ; presenté au Tertuliarium / CEAEC, Foz do Iguaçu, PR ; Brésil 24.03.2020 ; disponible en <http://encyclossapiens.space/buscaverbete> ; accès en 24.08.2020 ; 13h03.

06. **Vieira,** Waldo ; ***Conflituosidade ;*** article encyclopédique ; dans: **Vieira,** Waldo ; org. ; ***Enciclopédia da Conscienciologia ;*** prés. Coordenação da ENCYCLOSSAPIENS ; réviseurs équipe de réviseurs de l'ENCYCLOSSAPIENS ; 27 vols. ; 23 178 p. ; vol. 9 ; 1 112 citations ; 11 chronologies ; 33 *E-mails* ; 206 055 énus. ; 602 spécialités ; 1 photo ; glos. 4 580 termes (articles encyclopédiques) ; 701 microbiographies ; 270 tabs. ; 702 auteurs d'articles ; 28 *websites* ; 670 films ; 54 vidéographies ; 1 087 webgraphies ; 13 896 réfs. ; 9e éd. rév. et augm. ; *Associação Internacional de Enciclopediologia Conscienciológica* (ENCYCLOSSAPIENS) ; & *Associação Internacional Editares* ; Foz do Iguaçu, PR ; Brésil ; 2018 ; ISBN 978-85-8477-118-9 ; pages 6 402 à 6 404.

07. **Idem ;** *Waldo ;* ***Homo sapiens pacificus ;*** réviseurs équipe de réviseurs de l'Holociclo ; 1 584 p. ; 24 sections ; 413 chap. ; 403 abrévs. ; 38 courriels ; 434 énus. ; 484 termes étrangers ; 1 photo ; 37 illus. ; 168 mégapensenes trivocabulaires ; 1 microbiographie ; 36 tabs. ; 15 *sites web* ; glos. 241 termes ; 25 pinacographies ; 103 musicographies ; 24 discographies ; 20 scénographies ; 240 films ; 9 625 réfs. ; alph. ; géo. ; ono. ; 29 x 21,5 x 7 cm ; enc. ; 3e éd. gratuite ; *Associação Internacional do Centro de Altos Estudos da Conscienciologia* (CEAEC) ; & *Associação Internacional Editares* ; Foz do Iguaçu, PR ; Brésil 2007, p. 208.

08. **Idem ; *Homo sapiens reurbanisatus ;*** réviseurs équipe de réviseurs de l'Holociclo ; 1 584 p. ; 24 sections ; 479 chaps. ; 139 abrévs. ; 12 courriels ; 597 énus. ; 413 termes étrangers ; 1 photo ; 40 illus. ; 1 microbiographie ; 25 tableaux ; 4 *sites web* ;

glos. 241 termes ; 3 infographiques ; 102 films ; 7 665 réfs. ; alph. ; géo. ; ono. ; 29 x 21 x 7 cm ; enc. ; 3e éd. gratuite ; *Associação Internacional do Centro de Altos Estudos da Conscienciologia* (CEAEC) ; Foz do Iguaçu, PR ; Brésil ; 2004 ; page 244.

09. **Idem ; *Projeciologia: Panorama das Experiências da Consciência Fora do Corpo Humano* ;** réviseurs Alexander Steiner ; et al. ; 1 254 p. ; 18 sections ; 525 chap. ; 150 abrévs. ; 17 courriels ; 1 156 énus. ; 1 échelle ; 1 photo ; 3 graphiques. ; 42 illus. ; 1 microbiographie ; 1 synopsis ; 2 tabs. ; 15 *websites* ; glos. 300 termes ; 2 041 réfs. ; alph. ; géo. ; ono. ; 28 x 21 x 7 cm ; enc. ; 10e éd. ; *Associação Internacional Editares* ; Foz do Iguaçu, PR ; Brésil ; 1999, pages 257 et 799.

10. **Vinyamata,** Eduard et col ; ***Aprender a partir do Conflito: Conflitologia e Educação* ;** (Aprender del Conflicto: Conflictologia y Educación) ; trad. Ernani Rosa ; 144 p. ; 10 chaps. ; 6 énus. ; 9 ilus. ; 14 tableaux ; 119 réfs. ; 23 x 16 cm ; br. ; *Artmed* ; Porto Alegre, RS ; Brésil ; 2005 ; pages 24 et 26.

BIBLIOGRAPHIE COMPLÉMENTAIRE

1. **Consecutivus ; *Perguntas frequentes* ;** disponible en <https://consecutivus.org/about/> ; accés en 21.08.2020 ; 15h10.

2. **Coste ;** Frédéric, ***Bouthoul et la polémologie : l'étude des causes profondes de la guerre,*** Les Champs de Mars, 2002/2 (N° 12), p. 9-30. DOI : 10 3917/lcdm1.012.0009 ; disponible en https://www.cairn.info/revue-les-champs-de-mars-ldm-2002-2-page-9.htm ; accès en 02.05.2020 ; 10h00.

3. **Viniacourt,** Elise ; **Mongaillard ,** Vincent ; & **Folgoas,** Ronan ; ***Heurts à Paris : 151 gardes à vue, dont 49 mineurs, après la défaite du PSG* ;** Article ; *Le parisien* ; Revue ; Paris ; vol. 1 ; 24-24.08.20 ; 1 vidéo ; 3 photos ; disponible en <https://www.leparisien.fr/faits-divers/psg-bayern-une-bijouterie-de-luxe-pillee-dans-le-quartier-des-champs-elysees-24-08-2020-8372166.php> ; accès en 24.08.20 ; à 13h53.

Parasociologie – Sur la trace de la neospécialité conscienciologique

Parasociology – On the Spur of the Conscientiologic Specialty

Parassociologia – Investigação da Especialidade Conscienciológica

Lília Junqueira*

* Sociologue et professeur de sociologie depuis 1987. Post-docteur en sociologie depuis 2011. Bénévole à l'*Holomemória da Conscienciologia,* un département appartenant à l'*União das instituições conscienciocêntricas internacionais* (UNICIN).

liliajunq@gmail.com

Mots-clés
Conscienciologie
Parasociologie
Projectiologie
Réseau interconscientiel

Keywords
Conscientiology
Interconsciential network
Parasociology
Projectiology

Palavras-chave
Conscienciologia
Parassociologia
Projeciologia
Rede interconsciencial

Résumé :

L'article présente un relevé de la néospecialité parasociologie dans la bibliographie conscienciologique pour esquisser son historique. Ensuite réunit quelques sujets, méthodes et techniques parmi les plus importants, pour contextualizer l'approche de l'auteur : celle des rapports entre conscience et réseau interconscientiel. Cette approche s'appuie sur le roman psychographé par Waldo Vieira *Cristo Espera por Ti,* de la consciex Honoré de Balzac. On souligne la possibilité ouverte par la parasociologie d'augmenter l'éventail de la paraperception des trajectoires évolutives individuelles et collectives, vers l'élargissement de l'autocognition, la coexistence fraternelle cosmoéthique, l'interassistance qualifiée et la cosmovisiologie.

Abstract:

This paper reviews conscientiological bibliography to delineate parasociology specialty's history. Next, it brings together themes, methods and techniques, among the most important, in order to contextualize the author's approach, along with that of the relationships between consciousness and interconscientiai network, worked after Waldo Vieira's psychographic novel *Cristo espera por ti,* by the consciex Honoré de Balzac. As a conclusion, it is highlighted the possibility opened by parasociology to enlarge the paraperception about both individual and collective evolutionary trajectory, toward the expansion of self-cognitive, cosmoethical, fraternal coexistence, qualified interassistance and cosmovisiology.

Resumo:

O artigo apresenta levantamento da especialidade Parassociologia na bibliografia conscienciológica para delinear seu histórico. Em seguida reúne temas, métodos e técnicas, entre os mais importantes, para contextualizar a abordagem da autora: a das relações entre consciência e rede interconsciencial. Tal abordagem fundamenta-se no romance psicografado por Waldo Vieira *Cristo Espera por Ti,* da consciex Honoré de Balzac. Destaca-se a possibilidade aberta pela Parassociologia de aumentar o espectro da parapercepção das trajetórias evolutivas individuais e coletivas, rumo à expansão da autocognição, convivialidade fraterna cosmoética, interassistência qualificada e Cosmovisiologia.

Article reçu le : 29.08.2020.
Approuvé pour la publication le : 10.08.2021.

INTRODUCTION

HISTORIQUE

Waldo Vieira (1932–2015), médecin, parascientifique (autodidacte), est le propositeur des sciences projectiologie, conscienciologie et ses innombrables spécialités. La projectiologie est la science qui étudie les projections de la conscience (*expériences hors du corps physique*). La projection de la conscience est aussi connue par les termes populaires *voyage astral* ou *dédoublement.*

Ce phénomène et sa pratique forment la base empirique de la conscienciologie, science qui étudie la conscience de façon intégrale, holosomatique, multidimensionnelle, multimillénaire, multiexistentielle. La conscienciologie part du principe que la vie individuelle n'est qu'une petite partie de l'existence de la conscience intégrale, laquelle, en son évolution, nécessite passer par des périodes d'expériences intraphysiques sur la Terre, dans des *socins* (sociétés intraphysiques).

La projectiologie et la conscienciologie sont des sciences cosmiques, donc, leur sujet est inépuisable. Pour commencer à apporter ces connaissances sur la dimension physique, Vieira a présenté un premier cadre de spécialités, dans lequel figure la parasociologie (Vieira, 2002, p. 38).

> *La parasociologie est la spécialité de la conscienciologie qui étudie la philosophie, les techniques et la pratique de la socin conscienciologique et des sociexes, ou sociétés extraphysiques des consciexes, et leurs conséquences dans la vie humaine, extraphysique et projective. C'est un sous-champ scientifique de l'holorésomatique* (Vieira, 2002, p. 40).

Dans l'ouvrage *Homo sapiens reurbanisatus,* Vieira (2003) développe la parasociologie de multiples façons par le biais de plusieurs thèmes, et en même temps décrit la réalité extraphysique des socins. Dans ce traité, le phénomène de la *réurbanisation extraphysique* (reurbex) est défini et décrit. Il s'agit du travail d'accéleration de l'évolution planétaire, à partir de la dimension extraphysique, sur la paratroposphère et la surface du globe.

La réurbanisation est conçue et réalisée par des consciences spécialisées, dans un travail technique favorable à l'accélération de l'évolution des consciences. Ce travail se fait en connexion avec le maximécanisme interassistanciel multidimensionnel, sur ambiances et groupes, dans tous les niveaux, soit dans les villages, villes, régions, pays et continents.

I. Sujets de la parasociologie

Dans l'œuvre conscienciologique on trouve la mention à la parasociologie très souvent, dans les sujets de la mésologie, soit dans le sens biologique (environnement énergétique), soit dans le sens culturel, où est fréquente la critique de la soumission de la conscience intermissiviste aux contraintes sociales intraphysiques (Vieira, 2002, p. 168 à 191, p. 415).

Les intermissivistes sont les consciences resomées (renées dans le corps physique - soma) qui ont planifié leur vie actuelle pendant la période intermissive, où la conscience demeure au plan extraphysique entre deux vies.

Cependant, l'acception la plus large du terme – parasociologie – nous semble être celle liée à l'holocarmologie, spécialité dédiée à la coexistence conscientielle et ses conséquences.

En effet, les interrelations entre des consciences multidimensionelles et multiexistentielles, considérant la paraproxémique et la parachronémique, est le sujet le plus général sur lequel se penche la parasociologie.

Ces interrelations sont étudiées dans différents niveaux de manifestation, formes de groupements et périodes historiques. Aussi, dans des différentes sociétés intra ou extraphysiques, d'après l'étude de l'ambiance, énergie, holopensénisation. La finalité est l'assistance conscientielle entre individus et dans la collectivité, sous les principes de l'incroyanciologie, du paradroit et de la cosmoéthique – *omniconviviologie* (cf. glossaire) (Vieira, 2013, p. 289 et 716, 2003, p. 335 et 894).

II. Techniques et pratiques de la socin et des sociexes

"La parasociologie est la spécialité de la conscienciologie appliquée aux études et recherches des ***techniques et pratiques de la socin*** *(société intraphysique) conscienciologique* ***et des sociexes,*** *ou Sociétés Extraphysiques, et respectives conséquences dans la vie humaine, extraphysique et projective"* (Vieira, 2007, p. 207).

Les techniques et les pratiques sont les façons par lesquelles on maintient les interrelations pour exister en collectivité. Ces techniques font partie de la *culture multidimensionelle* installée dans les socins et celle des sociexes. Le mot *culture* fait la synthèse de tous les domaines du social : l'économie, la politique, la morale, les croyances, les sentiments, la pensée – voir sur ce sujet les entrées de l'*Enciclopédia da Conscienciologia,* Contracultura, Matriz cultural, Idiotismo cultural, Paraaculturação, entre autres. C'est comme ça, justement, parce que le centre des attentions est toujours mis sur les *rapports* entre les consciences, sans lesquels les socins et sociexes n'existeraient pas.

La parasociologie a peu de rapport, pourtant, avec la sociologie conventionnelle. Les deux partagent les principes d'investigation des collectivités, la perspective généraliste de l'ensemble dans les études, l'humanisme de l'approche empirique de quelques théories, mais la distance entre les objets de recherche ne permet pas d'autres similarités. Néanmoins, parmi les sciences intraphysiques, la sociologie est l'une des plus proches de la parasociologie.

III. Méthodes de recherche

Le parasociologue est la conscin, spécialisée en parasociologie, étudiante de philosophie, techniques et pratiques de la socin conscienciologique et sociexes, ou sociétés extraphysiques des consciexes, et myriades de conséquences dans la vie humaine, extraphysique et projective (Vieira, 2003, p. 99).

Quelles sont les méthodes de travail du parasociologue ? On peut parler avec aisance sur les méthodes des conscins, mais très peu sur les méthodes des consciexes. Dans la dimension intraphysique, les parasociologues sont les intermissivistes, conscients de leur rôle parasocial dans le maximécanisme interassistanciel multidimensionnel. C'est-à-dire, ceux qui ont fait une préparation pour la vie présente avant la résoma (renaissance dans le soma), dans la condition d'élèves de *cours intermissif* (CI).

L'œuvre conscienciologique est dediée a ces consciences et présente multiples techniques de travail, tout d'abord pour le développement intraconscientiel propre (*inner self*). Ensuite, pour contribuer à l'amélioration des autres, par la cosmoéthique, en intervenant dans le réseau multidimensionnel et multiexistentiel auquel elles appartiennent, par des myriades de façons. Ici nous en présentons quelques-unes, parmi les méthodes de recherche indispensables.

Expérience personnelle

La parasociologie adopte le principe de la conscienciologie selon lequel la connaissance se construit par 99% d'expériences personnelles du chercheur, et 1% par la théorie. C'est le principe de la théatique: *thé*orie + pr*atique.* Ainsi, dans ce champ scientifique, le *parapsychisme* est l'instrument principal dont le parasociologue dispose pour réaliser son travail.

Projection consciente

La condition de la conscience, se manifestant dans le moyen matériel de la socin, limite à l'extrême sa perception de la réalité extraphysique, ce qui fait une gigantesque différence si le chercheur est conscin ou consciex. Donc, la première méthode de la parasociologie, pour les chercheurs intermissivistes résomés, ainsi que pour toutes les personnes intéressées à ce sujet, est la projection consciente. Hors du corps physique, il est possible d'avoir accès, plus ou moins lucide, aux réalités sociales qui existent et sont toujours présentes, mais que, d'habitude, nous ne réalisons pas, à cause de notre condition de restriction intrasomatique.

Récupération d'*unicons*

Pendant le temps d'existence humaine, il est possible de récupérer une certaine partie de la mémoire intégrale (*holomémoire)* (cf. glossaire) oubliée avec la résoma (renaissance), en utilisant des techniques conscienciologiques spécialisées. Ces techniques développent l'accès à l'holomémoire à travers le retour au temps antérieur à la naissance actuelle, quand nous étions dans la période intermissive (temps où la conscience reste dans la dimension extraphysique, entre deux vies humaines successives). Ces techniques nous permettent aussi de récupérer des idées innées, desquelles en général nous ne nous en souvenons pas clairement, parce que le *paracerveau*, plus puissant que le cerveau encéphalique, garde le patrimoine intégral des connaissances accumulées pendant la totalité du temps d'existence multiexistentielle. Les *unicons*, *unités de lucidité conscientielle*, sont déchargées du paracerveau dans le cerveau encéphalique, par moyen des efforts personnels, ce qui nous permet de récupérer ces idées tout en étant conscin. Parmi les *unicons* récupérées, se trouvent les rétromémoires des faits, parafaits, ambiances, endroits, scènes, interactions, groupes d'appartenance, parmi d'autres phénomènes parasociaux.

Ténepe

La ténepe signifie *tâche énergétique personnelle*. Dans cette technique, l'intermissiviste crée une ambiance favorable au don d'énergies, vouée à l'assistance des consciences. D'abord, des consciences du groupekarma y sont accueillies. Selon Balona (2015, p. 71), le groupekarma est le compromis personnel avec l'ensemble des consciences qui composent l'entourage social de la conscin : famille, amis, collègues de profession, rapports affectifs en général. Ce groupe devient bien plus étendu quand nous admettons l'interdépendance avec d'autres dimensions par l'approche multidimensionnelle.

Ensuite, d'autres consciences du réseau social personnel plus éloignés du ténépessiste, dans le présent et le passé. La technique est supervisée par une conscience spécialisée en assistance qui soutient le processus.- Dans la ténepe nous nous disposons à donner de la passivité parapsychique pour la transmission d'énergies assistancielles. Cette pratique nous permet d'approfondir la connaissance des consciences de notre cercle parasocial. Ainsi, nous recevons les meilleures informations et inspirations, idées originales pour nos autorecherches.

En conscienciologie, toute connaissance évolutive commence par l'assistance. C'est pour ça que la ténepe est importante pour les études parasociologiques. Dans la ténepe nous travaillons ensemble avec l'équipe extraphysique (équipex) des bienfaiteurs dont le but est d'aider d'autres consciences. Ces assistants extraphysiques et les consciences assistées font partie de notre réseau évolutif interconscientiel.

Ces trois méthodes ont été détaillées dans l'œuvre de Waldo Vieira. Néanmoins, la parasociologie continue et avance par l'effort des chercheurs intermissivistes. Dans mes recherches personnelles, j'ai trouvé d'autres méthodes plus spécifiques de ce champ parascientifique, que je propose ensuite à l'examen des lecteurs et lectrices de cet article.

IV. RECHERCHE DU RÉSEAU CONSCIENTIEL MULTIDIMENSIONNEL

Selon la parasociologie, les ambiances mésologiques, culture, coexistence et convivialité multidimensionnelles sont vécues à l'intérieur des réseaux de consciences. Celles-ci s'installent n'importe où et n'importe quand, même si les consciences se croient seules ou isolées. Par le *principe de l'inséparabilité groupekarmique*, la solitude n'existe pas. Nous sommes tous liés les uns aux autres en permanence. Les réseaux de consciences où on évolue ensemble sont multidimensionnels et multiexistentiels. Il est important de connaître ce réseau pour comprendre la raison de nos rencontres, n'importe la dimension. Le réseau est composé de plusieurs milliers de consciences et ses rapports sont extrêmement complexes, ce qui rend la recherche difficile.

Pourtant, l'étude du réseau ne se restreint pas à la mathéologie (cf. glossaire), étude fondée sur des choses hors de l'expérience ou de la compréhension de l'homme, et qui pour ça se révèle inutile. L'idée centrale de la parasociologie s'appuie sur un paradoxe. C'est quand nous développons notre intraconscientialité que nous avançons la compréhension du groupe vers la polykarmalité. Il faut évoluer à l'intérieur de soi, *grandir par dedans*, pour pouvoir comprendre les autres et arriver à une coexistence pacifique et cosmoétique.

En même temps, nos racines de tempérament, nos *noyaux intraconscientiels* à recycler dans la vie présente, ont été créés dans des expériences collectives passées. C'est à cause de cela que nous avons besoin de nous rencontrer pour pouvoir repenser à ce qui a été vécu, apprendre avec nos erreurs et leurs conséquences, pour devenir des consciences meilleures.

Les consciences avec lesquelles nous avons vécu, leurs paraprovenances, énergies, materpensenes (cf. glossaire), c'est ce qui importe de savoir. Notre cercle croissant de compagnons de route évolutive, les membres de la famille nucléaire, lesquels ont composé notre réseau interconscientiel.

Ce sont ces informations, au niveau des consciences interreliées, et pas au niveau d'individus intraphysiques isolés, qui nous permettent de percevoir l'origine extraphysique d'un groupement et sa véritable histoire: la trajectoire multiexistentielle des consciences et groupes sur le chemin de l'évolution.

La sociologie, au contraire, se limite à la réalité intraphysique, en prenant par objet le fait social, matérialisation d'une conscience collective (Durkheim), la production des biens matériels (Marx), ou l'action individuelle (Weber). La parasociologie, science cosmique, met l'accent plutôt sur la formation du réseau de consciences multimensionnelles, lesquelles, dans une période déterminée de leur évolution, se trouvent, en partie, résomées sur la planète. En plus, ce réseau est multiexistentiel, ce qui ne nous amène pas seulement à l'étude de la vie humaine présente des consciences, mais aussi à leurs rétrovies. Cet auteur a compris cette réalité et a écrit l'article encyclopédique Parassociologia publiée en Portugais dans l'*Enciclopédia da Conscienciologia*.

Mais, comment comprendre ce réseau personnel, si le plus important est d'améliorer soi-même tout d'abord, et si nous ne pouvons pas percevoir la totalité de notre réseau parce qu'il est énorme et les rapports entre les consciences sont très complexes ?

PROÉXIS

Il faut commencer par faire l'effort de comprendre le mieux possible nos interrelations avec les autres dans notre vie humaine actuelle, en utilisant le parapsychisme, la récupération des mémoires, et l'assistance aux autres. Si on est intermissiviste, il faut comprendre le mieux possible notre programmation existentielle (proéxis), le projet de vie fait avant la résoma. Pour y arriver, il existe la *technique de l'egobiographie pro-*

éxologique comparée. Il s'agit de remémorer, enregistrer et ensuite comparer les trois phases de la proéxis: avant la reconnaissance de la condition d'intermissiviste ; après l'autoconscientisation sur les tâches de l'autoproéxis et, finalement, dans la période conclusive de la vie humaine.

Sur ce sujet, voir l'article encyclopédique de *l'Enciclopédia da Conscienciologia: Técnica da Egobiografia Proexológica Comparada*, de Málu Balona. *L'Holomemória da Conscienciologia* offre aux institutions conscienciocentriques (ICs) le cours *Laboratório da Egobiografia Proexológica Comparada*, pour aider la formation holomémorialiste des intermissivistes volontaires.

Pour approfondir la connaissance du réseau conscienciologique, on peut appliquer la *technique du rassemblement exhaustif des données historiques et para-historiques* de la conscienciologie. Les intermissivistes ont un fort rapport avec les pionniers, composant les bénévoles, chercheurs, enseignants de la conscienciologie. Ils font partie de notre réseau. Par exemple, les intermissivistes ont rapport avec le Professeur Waldo Vieira, qui a apporté les connaissances basilaires des *Cours Intermissifs* (CIs) *intraphysiquement*. Il est une conscience incontournable à étudier pour ceux qui désirent connaître le réseau multidimensionnel personnel et de la conscienciologie.

Mais, sans les données historiques, il est impossible d'arriver à une connaissance substantive. Dans le travail parasociologique il est nécessaire de bien connaître les consciences, contextes, faits et parafaits et de faire des rapports de plusieurs genres entre toutes ces variables. S'il n'existe pas d'information, il n'existe pas de parasociologie possible. Voilà pourquoi le travail de *l'Holomemória da Conscienciologia* est très important dans ce contexte.

Ce groupe de chercheurs et enseignants volontaires dédiés au maintien et divulgation de l'histoire de la conscienciologie travaillent sur l'acquis de données depuis des décennies, au sujet de la conscienciologie et ses spécialités. Leurs travaux favorisent, entre autres, l'élaboration des spécialités scientifiques telles que la parasociologie avec l'objectif d'agrandir, maintenir, diffuser et propicier le développement de la culture holomémorialiste.

Ces archives contiennent des informations précieuses pour connaître notre réseau multidimensionnel, notre parasociété d'appartenance. C'est pour cela que *l'équipin* (équipe intraphysique) et *l'équipex* (équipe extraphysique) travaillent à la récupération de l'holomémoire personnelle des intermissivistes, bénévoles, pionniers et institutions de recherche de la conscienciologie. Percevoir et comprendre notre propre réseau d'appartenance peut être le premier pas pour arriver à la perception plus approfondie des socins et sociexes, tout en suivant vers la *Cosmoconscience*.

Biographie

La biographie personnelle est une autre possibilité pour l'étude de notre réseau, en commençant par la vie actuelle. Le chercheur est la première conscience à être connue dans son propre réseau. Quand on rappelle les faits et parafaits de notre vie intraphysique actuelle, on perçoit que nos expériences ont été vécues avec d'autres personnes. Ces personnes font partie de notre évolution. Elles intègrent notre réseau personnel groupekarmique, et l'évolution nous a permis de les rencontrer dans cette vie. Il faut se demander pourquoi.

La réponse nous permettra de mieux comprendre notre trajectoire actuelle, tout ce que nous avons à faire pour nous améliorer et gagner en maturité intégrale et simultanément progresser dans la perception et compréhension de notre réseau interconscientiel parasociologique.

L'hétérobiographie peut aussi aider dans la perception du réseau interconscientiel. D'autres consciences avec qui nous avons de l'empathie, curiosité, avec lesquelles nous nous identifions, résomées ou pas, nous dirigent, naturellement, vers le contact avec les membres de notre réseau interconscientiel.

V. Analyse parasociologique du roman *Cristo Espera por Ti* (Vieira-Balzac, 2007. Désormais, je citerai ce livre par les initiales CEPT).

À partir d'un processus de recherche orienté par le rapport d'empathie avec une autre conscience, j'ai commencé l'étude de mon réseau interrelationnel. Dès que j'ai décidé d'écrire sur la conscience résomée sur le plan intraphysique, en France dans le XIXe siècle, nommée Honoré de Balzac (1789–1850) (Junqueira, 2017, 2020), j'ai eu des idées, perceptions et paraperceptions très importantes au sujet de la parasociologie. Peut-être aussi grâce à ma formation de sociologue, au Brésil et en France, simultanée aux études de la conscienciologie.

Les idées se sont accumulées à un tel point que j'ai fini par me décider à écrire un livre parabiographique sur cet écrivain. Ensuite, ce livre m'a amené au contact avec l'équipin de l'instance supra-institutionnelle de la conscienciologie, *l'Holomemória da Conscienciologia.* L'affinité significative m'a donné l'occasion de participer de cette équipin dans un projet spécial de recherche, autour de Balzac et son roman posthume *Cristo Espera por Ti* (CEPT).

Il s'agit d'un roman écrit ensemble par deux auteurs. Waldo Vieira, résomé, a fait le travail paraphysique d'écriture et publication du livre, et Honoré de Balzac, consciex, a dicté au premier le récit du roman. Selon Vieira, l'écriture en partenariat avec la consciex Balzac peut être considérée *pangraphie :* la technique d'écriture avec l'utilisation de l'apanage parapsychique complet des deux auteurs.

Rempli de références sur la parasociété française, le roman explicite un réseau multidimensionnel et multiexistentiel de consciences, tout en détaillant leur interaction parasociale passée et actuelle, le jeu social et parasocial, mêlé aux contraintes sur chacun des habitudes, normes, coutumes et culture intraphysiques.

L'étude de ce livre sous l'approche de la parasociologie a montré l'importance de la connexion entre la microsociété (la conscience résomée) et la macrosociété et sociex (le réseau multidimensionnel).

La vie du personnage Jules, par exemple, ses expériences et décisions dans le passé, interfèrent dans son destin actuel et celui des autres composants du réseau. L'optique parasociologique du *CEPT* présente la trajectoire des personnages entre la vie intraphysique, l'intermission et les vies passées. Autre exemple, la consciex Charlotte, dans la période intermissive, revoit son passé dans deux de ses autres personnalités, Carla Sebastianini, et Rosselane.

Le *CEPT* m'a enseigné à faire attention multidimensionelle aux conscins et consciexes et leurs interrelations, pour comprendre les socins et les sociexes. J'ai perçu que, ainsi que dans le roman (lequel, d'ailleurs, est une histoire réelle), la trajectoire d'une seule conscience est liée à plusieurs d'autres dans le réseau multidimensionnel et multiexistentiel. Écrire la biographie de Balzac a amplifié et approfondi cette constatation. Donc, pour arriver au réseau, il est nécessaire de commencer par étudier une seule conscience. C'est pour cela que j'ai adopté la technique de la biographie pour mes études parasociologiques.

En effet, dans le *CEPT,* le réseau interconscientiel apparaît, petit à petit, autour de Charlotte (Carla Sebastianini et Rosselane dans le passé). Dans la biographie de Balzac, tout un réseau de consciences est apparu pendant l'étude de son enfance, adolescence, jeunesse et maturité. La parasociologie étudie la biographie, pas seulement pour approfondir la connaissance d'une conscience, mais aussi, simultanément, pour connaître son entourage étendu (contexte social et parasocial), ou proche (trajectoire personnelle). Il faut comprendre le réseau et les rapports personnels dans le groupe, pour bien comprendre la conscience-clé. Le contraire est vrai aussi. Il faut comprendre la conscience-clé pour bien comprendre son réseau.

Le *zeitgeist* ou contextualisation fourni la mésologie, la scène, les règles et normes culturelles, économiques et politiques sous lesquelles le réseau des consciences doit se manifester. Dans ce *zeitgeist* apparaît l'entourage large, c'est-à-dire, les consciences résomées à la même époque, en plusieurs endroits. Celles qui jouent le même jeu social pour vivre, et celles qui vont faire des efforts ou pas, ensemble ou pas, avec la conscience-clé, pour faire avancer soi-même, le réseau groupekarmique et la société intraphysique.

La description de la *trajectoire de la conscience-clé* fournit ses tendances intraconscientielles, ses rapports personnels, la vie quotidienne, les affections, l'éthique, le niveau évolutif de la conscience, conforme ou pas à celui de son entourage.

Ici on est en face de tous les phénomènes, lois et principes d'interrelation multidimensionnelle et multiexistentielle, comme les interprisons groupekarmiques (voir glossaire à la fin de la revue), les victimisations, les séparations, les conciliations et réconciliations et la multiplicité des conséquences concrètes ou subtiles pour le réseau. Le chercheur poursuit l'observation de la trajectoire de la conscience-clé jusqu'à ce qu'elle atteigne un autre niveau évolutif, suffisant pour arriver aux recyclages intraconscientiels, à l'autoguérison et finalement à la libération groupekarmique.

La parasociologie est une spécialité conscienciologique encore peu développée. Elle possibilite des approches très fructueuses dans le contexte des autorecherches des intermissivistes, un encadrement prolifique pour analyser nos mémoires multiexistentielles. Le même arrive avec son application dans le spectre plus large de la conscienciologie, parce qu'elle favorise la perspective de la connexion micro-macro (de la conscience au réseau). Ces propriétés donnent de l'ampleur à notre perception et paraperception des trajectoires évolutives individuelles et collectives, vers l'élargissement de l'autocognition, la coexistence fraternelle cosmoéthique, l'interassistance qualifiée et la cosmovisiologie.

BIBLIOGRAPHIE SPÉCIFIQUE

1. **Balona,** Málu ; ***Autocura através da Reconciliação: Estudo Prático sobre Afetividade ;*** préf. 1e éd. Marina Thomaz ; préf. 2e éd. Daniel Muniz ; préf. 3e éd. Cristina Arakaki ; préf. 4e éd. Allan Gurgel ; rév. Marcelo Bellini ; 368 p. ; 2 sections ; 11 chaps. ; 124 adages ; 23 *courriels* ; 1 entretient ; 56 énus. ; 2 échelles ; 1 schéma ; 1 photo ; 10 graphs. ; 6 ilus. ; 1 microbiographie ; 5 tableaux synoptiques ; 4 questionnaires ; 3 séries harmoniques ; 2 tableaux ; 18 techniques ; 5 théories ; 21 sites web ; glos. 86 termes ; 25 infographiques ; 20 scénorgaphies ; 84 films ; posf. ; 338 réfs. ; 28 webgraphies ; 2 appends. ; alph. ; 21 x 14 cm ; enc. ; 4e éd. rév. et augm. ; *Associação Internacional Editares* ; Foz do Iguaçu, PR, Brésil ; 2015 ; pages 71 à 84.

2. **Junqueira**, Lília ; ***Balzac para Sociólogos: Utopia e Disposições Sociais no Século XIX ;*** rév. Camila Dias Manoel ; 167 p. ; 5 sections ; 18 chaps. ; 6 énus. ; 2 esq. ; 1 microbiographie ; 1 site web ; 121 réfs. ; 21 x 15 cm ; br. ; *Appris* ; Curitiba, PR, Brésil ; 2017 ; pages 17 à 33.

3. **Idem ; *Balzac, escritor parapsíquico ;*** *Epígrafe* ; Foz do Iguaçu, PR, Brésil ; révs. Cesar Cordioli *et al.* ; 236 p. ; 13 sections ; 8 chaps. ; 28 énus. ; 1 photo, 9 ilus. ; 1 microbiographie ;161 réfs. ; 21 x 15 cm ; br. ; 2020 ; pages 9 à 15.

4. **Vieira**, Waldo ; ***Dicionário de Argumentos da Conscienciologia ;*** révis. Équipe de Révis. de l'Holociclo ; 1 572 p. ; 1 *blog* ; 21 courriels ; 551 énus. ; 1 schéma de l'évolution conscientielle ; 18 photos ; glos. 650 termes ; 19 sites web ; alph. ; 28,5 x 21,5 x 7 cm ; enc. ; *Associação Internacional Editares* ; Foz do Iguaçu, PR, Brésil ; 2014 ; pages 256 à 258 et 283 à 284.

5. **Idem ; *Enciclopédia da Conscienciologia ;*** prés. Coord. de l'ENCYCLOSSAPIENS ; révis. Équipe de Révis. de l'ENCYCLOSSAPIENS ; CLXXIV + 23 004 p. ; 1 112 citações ; 11 chronologies ; 33 courriels ; 206 055 énus. ; 602 spécialités ; 1 photo ; glos. 4 580 termes (entrées) ; 701 microbiographies ; 270 tableaux ; 702 encyclopédistes ; 28 sites web ; 670 films ; 54 vidéographies ; 1 087 webgraphies ; 13 896 réfs. ; 9e éd. rév. et augm. ; digitale ; *Associação Internacional de Enciclopediologia Conscienciológica* (ENCYCLOSSAPIENS) & *Associação Internacional Editares* ; Foz do Iguaçu, PR ; 2018 ; ISBN 978-85-8477-120-2 ; disponible en <http://encyclossapiens.space/nona/ECDigital9.pdf> ; accès en 11.12.2019.

6. **Idem ; *Homo sapiens reurbanisatus ;*** révs. Équipe de Revs. de l'Holociclo ; 1 584 p. ; 24 sections ; 479 chaps. ; 139 abrévs. ; 12 courriels ; 413 étrang. ; 1 photo ; 40 ilus. ; 1 microbiographie ; 25 tableaux ; 4 sites web ; glos. 241 termes ; 7 663

réfs. ; alph. ; géo. ; ono. ; 29 x 21 x 7 cm ; enc. ; éd. *Princeps* ; *Associação Internacional do Centro de Altos Estudos da Conscienciologia* (CEAEC) ; Foz do Iguaçu, PR, Brésil ; 2003 ; pages 181 à183 et 226 à 229.

7. **Idem ; *Projeciologia. Panorama das Experiências da Consciência Fora do Corpo Humano* ;** révs. Alexander Steiner *et al.* ; 1 248 p. ; 18 sections ; 525 chaps. ; 150 abrévs. ; 16 courriels ; 1 156 énus. ; 1 échelle ; 1 photo ; 3 graphs. ; 42 ilus. ; 1 microbiographie ; 1 synopsis ; 2 tableaux ; 2 sites web ; glos. 300 termes ; 2 041 réfs. ; alph. ; géo. ; ono. ; 28 x 21 x 7 cm ; enc. ; 5e éd. rév. et augm. ; *Instituto Internacional de Projeciologia e Conscienciologia* (IIPC) ; Rio de Janeiro, RJ, Brésil ; 2002 ; pages 97 à 120.

8. **Idem ; *700 Experimentos da Conscienciologia* ;** 1 058 p. ; 700 chaps. ; 40 sections ; 100 sous-sections ; 147 abrévs. ; 1 chronologie ; 100 dates ; 1 courriel ; 600 énus. ; 272 étrang. ; 8 index ; 2 tableaux ; 300 tests ; glos. 280 termes ; 5 116 réfs. ; alph. ; géo. ; ono. ; 28,5 x 21,5 x 7 cm ; enc. ; *Instituto Internacional de Projeciologia* (IIP) ; Rio de Janeiro, RJ, Brésil ; 1994 ; pages 116 à 129 et 211 à 218.

9. **Idem et BALZAC**, Honoré ; ***Cristo Espera por Ti: Edição Crítica e Comentada por Osmar Ramos Filho* ;** roman de l'esprit Honoré de Balzac ; psychographié par Waldo Vieira ; révs. Eduardo Ferreira, Erotides Louly & Waldson Dias ; 370 p. ; 4 sections ; 76 chaps. ; 9 chronologies ; 1 courriel ; 1 énu. ; 1 ilus. ; 56 sigles ; 5 sites web ; 404 notes commentées ; 56 réfs. ; 23 x 16 cm ; br. ; *Associação Internacional Editares* ; Foz do Iguaçu, PR, Brésil ; 2007 ; pages 6 à 29.

Article original

Autorecherche sur la lucidité : de l'hétéroanalyse à l'autoanalyse

Self-research on Lucidity: From Heteroanalysis to Self-analysis

Autopesquisa sobre a Lucidez: Da Heteroanálise à Autoanálise

Luís Fabiano Cerqueira Cantarin*

* Luís Fabiano Cerqueira Cantarin, diplômé en sciences juridiques et sociales, avocat public, spécialisé en droit public, bénévole à *l'Instituto Internacional de Projeciologia e Conscienciologia (*IIPC).

lfcantarin@gmail.com

Mots clés
Autocritique
Autorecherche
Autoperception
Bioénergies
Connaissance
Multidimensionnalité

Keywords
Bioenergies
Multidimensionality
Knowledge
Self-critique
Self-perception
Self-research

Palavras-chave
Autocrítica
Autopercepção
Autopesquisa
Bioenergias
Conhecimento
Multidimensionalidade

Résumé :

Cet auteur apporte la synthèse de 5 ans de ses autorecherches, au cours desquelles certaines techniques ont été comprises et appliquées à son recyclage intraconscientiel, *recin*. Au début, des outils de recherche plus accessibles furent utilisés, comme la volonté de comprendre la mésologie et l'apprentissage par le biais de la littérature. Petit à petit, l'autoévaluation a été qualifiée par le soutien du *paradigme conscientiel*, lorsque quelques questions difficiles ont été autoproposées, et identifiés quelques points qui diminuent l'autolucidité, comme les limites de la littérature fictive, où les pages de la vie d'autrui sont presque toujours vues par la perspective d'un collectionneur d'informations ; mais il est important d'un point de vue évolutif que le lecteur consciencieux révise les pages de son existence, où figurent de nombreuses informations mal résolues, qui stagnent sa propre évolution.

Abstract:

This writer brings the synthesis of 5 years of consciousness research, in which period some techniques were understood and applied in intraconscientíal recycling. In the beginning, more accessible research tools were used, such as the desire to understand mesology and learning through literature. Self-assessment quality grows, with support of consciential paradigm, whenever some challenging, lucidity-lowering points are identified, beyond the limits of fictional literature, where other people's life pages are seen almost always as information collection. Yet, it is evolutionarily relevant that the conscientious reader revisits the pages of his own existence, containing bulky, unresolved information that stagnates evolution.

Resumo:

O autor expõe síntese de 5 anos de pesquisas conscienciais, em cujo período algumas técnicas de pesquisas foram compreendidas e aplicadas para a *recin*. No início, foram utilizadas as ferramentas de pesquisas mais próximas como a vontade de compreender a mesologia e os aprendizados por meio da literatura. Aos poucos a autoavaliação foi qualificada com o apoio do paradigma consciencial, ocasião em que foram autopropostas algumas indagações desafiadoras e identificados redutores da lucidez, como é o caso dos limites da literatura ficcional, em que as páginas da vida alheia são vistas quase sempre na condição de leitor colecionador de informações, mas é importante sob o ponto de vista evolutivo que o leitor consciencial revisite as páginas da própria existência, onde constam muitas informações mal resolvidas, que estagnam a evolução.

Article reçu le : 10.08.2020.
Approuvé pour la publication le : 10.08.2021.

INTRODUCTION

Sujet. Cet article vise à présenter la phase actuelle des efforts de cet autochercheur du point de vue de sa lucidité conscientielle.

Élan. Quelques stimulations nous aident à développer la lucidité, pas toujours facile à identifier et utiliser.

Transition. L'hétéroréflexion promue par la littérature a été surmonté par l'application du *paradigme conscientiel* afin de mieux percevoir le contexte existentiel de ce chercheur, avec toutes ses qualités particulières, ses défauts et ses omissions. Dans cette marche conscientielle le livre *La lucidité* a eu son importance proportionnelle.

Livre. Le roman *La lucidité*, de l'écrivain portugais José de Sousa Saramago (1922–2010), paru en 2004, en sa 11ème réimpression brésilienne en 2013 par *Companhia das Letras*, a 325 pages.

Structure. Cet article est divisé en 3 parties : 1. Présentation du livre, 2. Développement de l'autocritique et 3. Résultats.

I. Présentation du Livre

Contexte. Le roman *La lucidité* retrouve les personnages, les situations et certaines questions éthiques et politiques abordées dans le livre *L'aveuglement* (1995), qui a comme thème la population d'un pays imaginaire affecté par la mystérieuse maladie de la *cécité blanche*.

Parties. La première partie du livre se concentre sur l'évènement électoral où il y avait 83% des votes blancs et les actions gouvernementales contre la population en général. La 2ème partie découle de la lettre de dénonciation qui met en scène les personnages présents dans la crise de la *cécité blanche*, contre lesquels commencent les persécutions policières spécifiques.

Autoritarisme. L'autoritarisme a reçu de nombreuses emphases dans ce livre, avec des manipulations, des menaces et poursuites.

II. Développement de l'autocritique

2013. En 2013 cet auteur a lu le livre *La lucidité* qui a renforcé son vocabulaire et ses théories, stimulant à comprendre des *esprits téméraires* (Lilla, 2018, p. 193), mais il n'a pas suffi à son autoanalyse.

Manipulations. Les informations provenant de personnages fictifs du livre n'ont pas suffi pour élucider la qualité de sa propre immersion conscientielle dans cette société, où les intentions sont cachées au milieu de la confusion des symboles créés intentionnellement, comme dans ce dialogue du livre *La lucidité*:

> J'ai appris dans mon métier que ceux qui gouvernent non seulement ne s'arrêtent pas devant ce que nous appelons des absurdités, mais encore qu'ils s'en servent pour assoupir les consciences et annihiler la raison (Saramago, 2013, p. 284).

Immaturités. À cette époque-là, il n'avait pas de synapses pour comprendre que la cécité de la conscience multidimensionnelle diminue la capacité critique et augmente la paresse mentale, générant ainsi un monologue qui renforce les immaturités, comme nous le rappelle Žižek : *je sais, mais je refuse d'assumer pleinement les conséquences de cette connaissance, afin que je puisse continuer à agir comme si je n'avais pas su* (Žižek, 2014, p. 118).

2016. En 2016 cet auteur a connu la *conscienciologie*, l'encourageant à récupérer des outils d'autorecherche oubliés dès l'enfance, comme les expériences avec la projection de la conscience lucide hors du corps physique et l'expérience avec ses propres énergies, contre lesquelles la société, par ignorance, impose la peur, les interdictions et les mentions de danger.

Paradigme. Le recyclage intraconscientiel (*recin*) est placé à la lumière du Paradigme de la conscienciologie, avec *la cosmoéthique* [éthique cosmique, multidimensionnelle, située au-delà de la morale sociale, intraphysique ou stéréotype humain], *la sérialité de l'existence* [le développement de la conscience par moyen des successions des vies physiques], *la multidimensionnalité* [les manifestations de la conscience dans plusieurs dimensions], *l'universalisme* [ensemble d'idées concernant l'universalité des lois fondamentales de la nature et de l'Univers], *la bioénergie* [moyen de manifestation de la conscience dans la vie intraphysique, l'énergie qui imprègne l'Univers] et *l'autorecherche* [La méthode où le chercheur s'implique directement dans les faits avec lesquels il travaille et expérimente] (Vieira, 1994).

Mésologie. Il a été plus facile de commencer par comprendre les effets de la société de masse, qui standardise chez ses membres certains types de comportement ou de soumission à la routine, allant jusqu'au point de condamner ou même d'exclure l'action spontanée (Arendt, 2016, p. 50).

Essayer. Lentement, cet auteur expérimentait et percevait les conséquences importantes de l'autorecherche conscientielle, lui permettant ainsi de distinguer les consciences des personnages fictifs de la littérature et ce qui était nécessaire pour évoluer.

Fiction. L'intention réelle des auteurs d'œuvres de fiction mérite réflexion, où prédomine la communication subjective, l'accent des émotions et des sentiments, l'esthétique ou la forme littéraire au détriment de l'objectivité et de la rationalité. Les auteurs motivés par la volonté d'éclairer les lecteurs sont peu nombreux. (Seno, 2013, p. 180).

Compréhension. Au cours des réflexions sur la mésologie, le rôle de la littérature a été redimensionné comme outil d'autorecherche, ce qui a qualifié le *recin* et soulevé des doutes sincères et inconfortables, semblables à ce passage du livre :

> ... Le premier ministre écarta les journaux devant lui et dit, Tout cela me rappelle la vieille histoire de l'apprenti sorcier incapable de contenir les forces magiques qu'il a déclenchées, Monsieur le premier ministre, qui est à votre avis, l'apprenti sorcier en l'occurrence, eux ou nous… (Saramago, 2013, p. 130).

Autorecherche. L'absence d'expérience avec cette nouvelle hypothèse personnelle a créé un malaise et c'est pourquoi cet interlocuteur a choisi d'élargir son apprentissage en observant la qualité des relations avec soi-même et avec les autres, c'est-à-dire, sa famille et la société.

Attributs. Tout d'abord, les attributs conscientiels de la volonté, l'intentionnalité, la rationalité, la mémoire, l'imagination mûre et la capacité parapsychique ont été autoactivés, même si débutants.

Conscienciograma. Ainsi, avec l'aide du livre *Conscienciograma* (Vieira, 1996), les habitudes automatisées ont été identifiées dans la vie sociale – certaines, utiles, d'autres, nuisibles à la bonne qualité de vie, comme c'est le cas des manies et des agacements qui conduisaient à des explosions de comportement.

Tempérament. Pendant les recherches, le trait fardeau (*trafar*) d'autoritarisme instinctif est apparu, prédominant et imperceptible, comme partie de son tempérament. À cause de cela, ce trait a été refusé par l'auteur dès le début.

Méthode. L'autoritarisme et ses *pensenes* (***pen**sées, **sen**timents et **éne**rgies*) identifiés ont été revus avec le support de la méthode scientifique appelée hypothético-déductive, ce qui a permis de soulever la plus grande quantité possible d'hypothèses et les soumettre à la méthode inductive, afin d'obtenir quelque vérité relative de pointe *(verpon).*

Techniques. Des techniques visant la projection lucide de la conscience vers l'extraphysique ont été appliquées pendant 5 ans, en lui permettant de nouveau quelques perceptions extrasensorielles et d'autres expériences extraphysiques, inédites et encore sous analyse, comme *l'état vibrationnel, la saturation mentale projective* et le *comptage des pas,* qui ont contribué à dévoiler les traits de personnalité précédemment ignorés, et la compréhension des multidimensions.

Projection. Pendant les recherches, en particulier, 3 projections de la conscience ont été expérimentées avec une bonne lucidité, se montrant ainsi des outils utiles à l'autorecherche: le 27/09/2016, le 22/03/2018 et le 23/7/2020, neuf jours après le début de la *ténepe* (*tâche épersonnelle).*

Première. La première expérience projective a eu lieu dans une maison de montagne, où une *consciex* (*conscience extraphysique*) au visage masculin a abordé deux autres *consciexes* aux visages féminins, cheveux noirs et longs. Cet homme dictait quelques paroles à ces femmes, mais il n'a pas été possible de l'entendre. Cependant, tandis que la première femme lui faisait attention, l'autre regardait cet auteur avec une haine extrême, ce qui lui a permis de déduire que l'affaire le concernait.

Deuxième. La deuxième expérience projective a eu lieu dans une petite maison de campagne rappelant le Brésil du XIXe siècle, où il y avait une *consciex* au visage masculin qui tirait avec une arme sur l'une des deux *consciexes* aux visages féminins, cheveux noirs et longs, en lui causant des blessures mortelles, tandis que l'autre femme regardait la scène avec stupeur. Dans cette scène, cet auteur alternait sa participation tantôt comme le personnage qui donnait les coups de feu tantôt comme spectateur.

Troisième. La troisième expérience projective a eu lieu dans une grande maison, avec des murs en pierre et des meubles rappelant un petit château médiéval. Une jeune femme et un jeune homme s'y trouvaient, habillés à la mode médiévale. Ils ont eu un désaccord brutal en échangeant des regards colériques, se livrant à la poursuite à l'intérieur de la résidence, quand l'homme, manipulant habilement une épée, l'a blessée avec deux coups mortels. La scène a été modifiée comme une toile fluidique avec des ondulations légères et de son intérieur quelqu'un a offert à ce chercheur un manuscrit en français avec des graphismes typiques d'un diplôme qui reconnaissait un titre nobiliaire à un certain homme, au nom duquel il y avait l'expression "*viex*", qui rappelait le peuple celte.

Discernement. Ce chercheur a noté l'influence positive sur la vie quotidienne quand des informations personnelles sont récupérées, même si incomplètes, ayant une importance stratégique pour la structure personnelle, car elles ont développé le discernement et favorisé des décisions, véritable exercice d'autonomie conscientielle, comme le rappelle le dialogue entre le c*ommissaire de police* et *la femme du médecin* du livre *La lucidité*:

> Monsieur le commissaire, Dites, J'aimerais vous poser une question, mais je ne sais pas si j'ose, Posez-la, n'hésitez pas, Pourquoi faites-vous ceci pourquoi nous aidez-vous, Simplement à cause d'une petite phrase que j'ai trouvée dans un livre il y a longtemps et que j'avais oubliée, mais elle m'est revenue dernièrement en mémoire, Quelle phrase, Nous naissons et à cet instant c'est comme si nous avions signé un pacte pour toute la vie, mais un jour peut arriver où nous nous demandons Qui a signé cela pour moi (Saramago, 2013, p. 285).

Impulsivité. Quelques actes impulsifs reconnus dans le quotidien de ce chercheur, jusqu'alors imperceptibles, dégradaient la qualité de vie personnelle et sociale.

III. Résultats

Détails. Les détails qui, au début, sonnaient à cet auteur comme du perfectionnisme, ont commencé à être exercés pour la perception de soi-même, en permettant d'identifier des éléments précédemment méprisés, comme c'est le cas des bioénergies, lesquelles, en raison de *l'invisibilité ou de l'ineffabilité, provoquent l'indifférence des gens, y compris les érudits, à de telles réalités indécrottables*.

Autoconstatation. Les résultats des autorecherches ont mis en évidence un autoportrait entraînant la nécessité urgente de changer de comportement, ce qui est encore en application, mais qui provoquent déjà de la pacification intime et les commentaires favorables des personnes les plus proches, ou, en d'autres termes, la coexistence saine.

Biographies. Dans le cas de ce chercheur, l'évolution intraconscientielle a conditionné le dépassement de l'attention dans la biographie fictive et dans celle d'autrui pour orienter les efforts vers les études de l'autorétrobiographie, où déjà beaucoup d'informations doivent être consultées pour une rééducation plus profonde.

Écriture. L'écriture a fonctionné comme n'importe autre technique de recherche, afin d'aider la connaissance de soi-même, avec de l'autoassistance réelle, parce qu'elle contribue à rendre plus claires les idées.

Bibliographie spécifique

1. **Arendt,** Hannah ; ***A Condição Humana ;*** int. Margaret Canovan ; réviseur Adriano Correia ; rad. Roberto Raposo ; 1 Vol. ; 406p. ; 6 chaps. ; 21 x 14 x 3 cm ; br. ; 13e éd. ; 4 réimp. ; *Forense Universitário ;* Rio de Janeiro, RJ ; Brésil ; 2019 ; page 50.

2. **Lilla,** Mark ; ***A Mente Imprudente : os intelectuais na atividade política (The reckless mind: intellectuals in politics) ;*** préf. Mark Lilla ; pról. Mark Lilla ; trad. Clóvis Marques ; 1 Vol. ; 194 p. ; 6 chaps.; épil.; posf.; 23 x 1,5 x 15,5 cm; br.; 2e éd. ;. *Record ;* São Paulo, SP ; Brésil ; 2018 ; page 193.

3. **Saramago,** José ; ***Ensaio sobre a Lucidez ;*** 1 Vol. ; 326 p. ; 19 chaps. ; 21 x 14 cm ; br. ; 12e éd. ; 13e. réimp. ; *Companhia das Letras ;* São Paulo, SP ; Brésil ; 2004 ; pages 130, 284 et 285.

4. **Seno,** Ana ; ***Comunicação Evolutiva nas Interações Conscienciais (Communication évolutive dans les interrelations conscientielles) ;*** préf. Málu Balona ; réviseurs équipe de réviseurs de l'Editares ; 342 p. ; 4 sections ; 29 chaps. ; 36 citations ; 1 diagramme ; 22 courriels ; 70 énus. ; 2 schémas ; 2 fluxogrammes ; 1 photo ; 4 ilus. ; 1 microbiographie ; 1 form. ; 9 tableaux ; 20 sites web ; glos. 181 termes ; 17 films ; 183 réfs. ; 2 appends. ; 23 x 16 cm ; br. ; *Associação Internacional Editares ;* Foz do Iguaçu, PR ; 2013 ; pages 180 et 182.

5. **Vieira,** Waldo ; ***Conscienciograma ;: Técnica de Avaliação da Consciência Integral ;*** rév. Alexander Steiner ; 344 p. ; 150 abrévs. ; 106 sujets des feuilles d'évaluation ; 3 courriels ; 11 énus. ; 100 feuilles d'évaluation ; 1 photo ; 1 microbiographie ; 100 qualités de la conscience ; 2 000 questions ; 100 titres des feuilles d'évaluation ; 1 *site web* ; glos. 282 termes ; 7 réfs. ; alph. ; format: 21 x 14 cm ; br. ; *Instituto Internacional de Projeciologia ;* Rio de Janeiro, RJ ; 1996.

6. **Idem ; *700 Experimentos da Conscienciologia ;*** 1 058 p. ; 40 sections ; 100 sous-sections ; 700 chaps. ; 147 abrévs. ; 1 chronologie ; 100 dates ; 1 courriel ; 600 énus. ; 272 termes étrangers ; 2 tableaux ; 300 tests ; glos. 280 termes ; 5 116 réfs. ; alph. ; géo. ; ono. ; format: 28,5 x 21,5 x 7 cm ; enc. ; *Instituto Internacional de Projeciologia* ; Rio de Janeiro, RJ ; 1994 ; pages 47, 58, 60, 88 et 100.

7. **Žižek,** Slavoj ; ***Violência: Seis Reflexões Laterais (Violence: Six Sideways Reflections)*** ; int. Slavoi Žižek ; posf. Mauro Iasi ; préf. Slavoj Žižek; trad. Miguel Serras Pereira ; 1 Vol. ; 200 p. ; 6 chaps. ; épil. ; posf. ; 23 x 16 cm ; br. ; 1e éd. ; 2e réimp. ; *Boitempo Editorial ;* São Paulo, SP ; Brésil ; Mai, 2014 ; page 118.

Bibliographie complémentaire

1. **Idem ; *Léxico de Ortopensatas ;*** révs. de l'équipe des révs. de l' Holocycle ; 2 vols. ; 1 800 p. ; vols. 1 et 2 ; 1 blog ; 652 concepts analogiques ; 22 courriels ; 19 énus. ; 1 schéma de l'évolution conscientielle ; 17 photos ; glos. 6 476 termes ; 1 811 mégapensenes trivocabulaires ; 1 microbiographie ; 20 800 ortop. ; 2 tableaux ; 120 techniques léxicographiques ; 19 sites web ; format: 28,5 x 22 x 10 cm ; enc. ; *Associação Internacional Editares* ; Foz do Iguaçu, PR ; 2014 ; page 287.

Précognition et évitement d'un accident d'automobile

Precognition and Avoidance of an Automobile Accident

Precognição e Evitação de Acidente Automobilístico

Henrique Monferrari*

* Ingénieur électricien. Bénévole à l'*Instituto Internacional de Projeciologia e Conscienciologia* (IIPC). *hmonferrari@gmail.com*

Récit reçu le : 08.09.2020.
Approuvé pour la publication le : 10.08.2021.

INTRODUCTION

Résumé. Ce récit traite de la prévention d'un accident d'automobile après une précognition extraphysique en raison de la valorisation de cette expérience-ci. Même si l'auteur savait que c'était une possibilité, la visualisation antérieure de l'accident a été dûment évaluée et rappelée en danger imminent, ce qui lui a permis d'éviter l'incident.

Objectif. Cet article vise à démontrer l'une des possibilités pratiques de l'utilisation du parapsychisme. Habituellement ignorés, les phénomènes parapsychiques peuvent nous dire long sur nos réalités, notre programmation existentielle et nos perspectives et, par conséquent, nous permettent d'évoluer avec plus d'informations que celles obtenues par les cinq sens.

Subtilités. L'une des raisons pour lesquelles nous ne faisons pas attention d'habitude aux signaux parapsychiques est la subtilité de ces phénomènes. Notre mentalité intraphysique, moulée d'après les valeurs de la société, nous dit que ces perceptions ne sont que des abstractions dispensables.

Contextualisation. L'expérience précognitive sous-jacente à cet article s'est produite en 1996 chez l'auteur, à Belo Horizonte, suivie de la confirmation du fait, survenu lors du carnaval de 1997, sur la route MG-267, direction Juiz de Fora, pour arriver à la ville de São João Nepomuceno, située dans l'état brésilien de Minas Gerais.

Scientificité. Ayant eu l'auteur son premier contact avec les cours de la conscienciologie en 1996 et ayant également un esprit scientifique et enquêteur depuis l'enfance, l'expérience précognitive a été si valorisée qu'elle a créé une peur protectrice, tel qu'un rappel. Ce crédit donné à la perception d'une possibilité réelle d'accident fut exactement ce qui lui permit d'éviter le fait, en établissant une corrélation de cause à effet vérifiable.

Précognition. Selon le traité Projeciologia, la précognition extraphysique est la "faculté perceptive par laquelle la conscience, entièrement projetée hors du corps humain, apprend à connaître des faits indéterminés à venir, y compris des objets, des scènes et des formes lointaines, dans le temps futur" (Vieira, 2008, p. 154).

Préconnaissance. Au cours d'une nuit de sommeil à la fin de 1996, l'auteur a eu une expérience apparemment projective avec un réalisme perçu extrême, se réveillant même, effrayé par l'impact de la scène éprouvé.

Accident. L'expérience brève mais réaliste s'est résumée au fait post-accidentel dans lequel l'auteur s'est retrouvé allongé sur une zone de gravier à côté de l'autoroute pendant la journée, reprenant conscience peu après l'accident.

Local. La vaste zone de gravier était une entrée située au milieu d'une courbe à gauche, menant à une station-service.

Rouler. L'auteur, reprenant progressivement conscience après s'être évanoui, en observant la scène, remarqua plus loin, dans la zone de graviers, son véhicule : l'auteur avait donc été éjecté de la voiture.

Intégrité physique. Peu après avoir réalisé qu'il était conscient et qu'un accident grave venait de se produire, il éprouva un sentiment d'appréhension quant à l'étendue des dommages physiques au corps ; puis, quand il essaya de vérifier les blessures, il se réveilla de cette expérience dans le lit où il dormait.

Analyse. Au réveil, toujours impacté par le réalisme de l'accident éprouvé, l'auteur au lieu de simplement se calmer et oublier l'événement, essaya plutôt de comprendre ce que signifiait cette expérience si riche en détails, même le véhicule *VW Voyage 1987* qu'il possédait alors.

Inconscience. Selon le *traité Projeciologia*, "Dans ces événements, le projecteur - que ce soit à l'état de conscience projetée ou même à l'état de veille physique ordinaire, après la projection conscientielle - n'a pas conscience des faits précognitifs qui le concernent et dont il a transmis les informations, ne les connaissant, ratifiés qu'avec le temps." (Vieira, 2008, p. 155).

Hypothèse. L'auteur, ayant éprouvé des expériences parapsychiques depuis l'enfance, a accepté comme l'hypothèse la plus raisonnable d'être celle-là un avertissement sur un fait futur possible, encore à venir.

Convergence. La deuxième expérience a eu lieu en février 1997, pendant les vacances de carnaval. Après avoir laissé des amis dans la ville de Juiz de Fora vers 5 heures du matin et déjà avec un déficit de sommeil après trois jours de fête, l'auteur conduisait son véhicule pour retourner à São João Nepomuceno où il demeurait alors.

Dormir. Une vingtaine de minutes de conduite après, il éprouva un premier épisode de sommeil léger, suivi d'un second plus fort, dans lequel le véhicule avait déjà changé de trajectoire, roulant sur la voie centrale.

Alerte. Comme il n'avait jamais eu d'épisode de sommeil au volant auparavant, ce fait a alerté l'auteur ; en même temps, il s'est souvenu avec perplexité de l'expérience prétendument précognitive survenue à la fin de 1996.

Reconnaissance. Cette perplexité se devait, outre le dangereux sommeil incontrôlable, à la reconnaissance de cette autoroute comme semblable à celle du prétendu épisode précognitif vécu l'année précédente.

Décision. L'étonnement de penser que cet accident pourrait réellement se produire a catalysé la décision immédiate d'arrêter le véhicule quelque part ; mais l'absence de lieu d'arrêt mena l'auteur à s'engager dans la première sortie rurale de la route, conduisant sur quelques mètres jusqu'à un portique rural afin d'y stationner pour un bref sommeil.

Obscurité. Même s'il était plus de 5 heures du matin, il faisait encore sombre, différemment de la scène perçue à la lumière du jour lors de la présumée précognition.

Soleil. Après une quinzaine de minutes de sommeil, l'auteur s'est réveillé reposé et en mesure de conduire hors de danger vers sa destination à São João Nepomuceno, et le jour était déjà clair.

Confirmation. L'auteur est revenu sur la route principale pour reprendre l'itinéraire jusqu'à sa destination et, à sa grande surprise, au bout de cette même ligne droite de l'autoroute, il y avait une courbe à gauche, avec une grande sortie de gravier, menant à une station-service, exactement comme perçu dans l'expérience précognitive passée.

Bain d'énergie. En contournant cette courbe, il a eu un bain énergétique intense, par hypothèse en confirmant que la perception de l'expérience précognitive de l'année précédente était une possibilité forte et réelle d'accident imminent, ayant donc été évitée.

CONCLUSION

Inconnue. La visualisation de la scène de l'accident par l'auteur pendant une nuit de sommeil en 1996 a provoqué pas seulement l'étonnement, mais beaucoup d'étrangeté pour ne pas savoir de quel endroit il s'agissait, pourquoi il était sur cette route ou ce qui avait causé le fait, considérant que le voyage au Carnaval de 1997 serait programmé à la dernière minute. Il serait donc impossible pour l'auteur d'avoir ces informations à l'avance, confirmant qu'une expérience précognitive s'est effectivement produite.

Vérification. En concluant le processus scientifique sur des bases conscienciologiques, l'hypothèse initialement suggérée de l'expérience de 1996 était que la précognition n'était pas seulement corroborée par l'expérience de 1997, mais qu'elle évitait surtout un accident qui aurait pu avoir des graves conséquences.

Valorisation. Les études et la recherche parapsychique de l'auteur depuis son adolescence, aboutissan à une projection consciente soutenue et très lucide survenue en 1994 et, aussi, par la participation en tant qu'étudiant aux cours introductifs *P1 / P2 / P3 / P4 / BSM* de la conscienciologie en 1996, se sont traduits dans la position intime de l'auteur en donnant une crédibilité croissante aux perceptions parapsychiques.

Soutien familial. Il convient de mentionner l'apport très important de la littérature parapsychique de la mère de l'auteur, ainsi que son ouverture, sa recherche et sa valorisation des phénomènes parapsychiques - comme la projection consciente - servant de base et de support pour encourager la recherche de connaissances dans ce domaine, allant à contre-courant mésologique de la société locale, traditionnelle, paternaliste et matérialiste.

Évaluation. Il est donc difficile d'évaluer même l'ampleur du bénéfice obtenu en évitant cet accident, puisque les potentielles conséquences de celui-ci ne se sont pas manifestées dans l'expérience pré-cognitive prouvée, interrompue exactement au stade où l'auteur commençait une brève anamnèse de son corps physique.

Appui. Les dommages potentiels évités dans la réalisation de la programmation existentielle de l'auteur suggèrent également l'hypothèse que cette précognition peut avoir été promue par les assistants extraphysiques.

BIBLIOGRAPHIE SPÉCIFIQUE

1. **Vieira,** Waldo *;* ***Projeciologia : Panorama das Experiências da Consciência fora do Corpo Humano ;*** 1 254 p. *;* 10e éd. *;* Foz do Iguaçu, PR *; Associação Internacional Editares ;* 2008 *;* pages 63-74 *;* pages 154 et 155.

BIBLIOGRAPHIE COMPLÉMENTAIRE

1. **Vieira,** Waldo *;* ***700 Experimentos da Conscienciologia ;*** 1 088 p. *;* 3e éd. rév. augm. *;* Foz do Iguaçu, PR *; Associação Internacional Editares ;* 2013 *;* pages 56 *;* 201 *;* 464 *;* 492.

Récit autobiographique sur recin proéxologique et extrapolation parapsychique

Self-biographical Account on Proexological Recin and Parapsychic Self-overcoming

Relato Autobiográfico sobre Recin e Extrapolação Parapsíquica

* Artiste plasticienne, ingénieur chimique et psychologue volontaire à l'*ONG Desarollo y Asistencia* a Madrid. Bénévole *à l'Associação Internacional de Enciclopediologia Conscienciológica* (ENCYCLOSSAPIENS).
malu.lindemann@gmail.com

Récit reçu le : 31.08.2020.
Approuvé pour la publication le : 10.08.2021.

Introduction

Thème. Cet article a pour intention de partager une expérience transcendantale et multidimensionnelle, dont le contenu a introduit des informations nouvelles et logiques dans mon moment évolutif, apportant des profonds recyclages intraconscientiels (recins).

Propos. L'objectif de ce travail est donc d'essayer de décrire les phénomènes vécus et d'expliquer comment ils ont changé ostensiblement ma trajectoire professionnelle ainsi que ma manière de penser.

Méthodologie. Les procédures utilisées dans cet exposé ont été les suivantes :

1. Recherche bibliographique issue de différentes sources et paradigmes.
2. L'auto-observation.
3. Enregistrements audio et écrits.
4. Réflexions critiques.

Structure. Afin de rendre plus clair le récit de cet expérience, l'article a été divisé en 4 parties :

1. Historique ;
2. État intraconscientiel avant l'expérience ;
3. L'expérience ;
4. Changement de destinée ;

I. Historique

Parcours global : En vue de rendre plus clair mon parcours de vie, je présente ci-dessous une chronologie, comprenant tous les pays où j'ai eu l'opportunité de vivre. Une description rapide, en forme de liste, fera la narrative des principaux événements dans chaque pays :

1. **Brésil.** Naissance à Conselheiro Lafaiete, Minas Gerais, le 02 mars 1967 ; deuxième de 4 enfants ; enfance dans une famille affectueuse et présente ; famille de croyance spirite avec travail de phénomènes de guérison et psychographie ; prix en concours de dessin à 8 ans ; enfance et adolescence au tempérament ti-

mide et joyeux ; bonne humeur ; expériences parapsychiques personnelles ; jeunesse entre les villes de Rio de Janeiro et Lafaiete ; scolarité au *Lycée franco-brésilien* à Rio de Janeiro (fini en 1984) ; petit-copain pendant 6 ans ; fondation d'une maison d'édition familiale (livres, manuels, affiches, logos, diffusions d'annonces publicitaires) ; études (inachevées) d'ingénierie chimique à l'*Universidade Federal do Rio de Janeiro* (UFRJ) ; travaux à la société *Beture Setame* avec dépollution des rivières, au Centre de recherches et ressources minérales (CPRM RJ) ; travail au Sommet des *nations unies pour l'environnement Rio 92 ;* mariage en 1993 à Buzios (RJ) à l'église, célébré avec deux prêtres français, un brésilien et un évêque de l'état de Maranhão (avec un jeune ingénieur qui faisait déjà partie de mon cercle d'amitiés au lycée).

2. **Tanzanie.** Arrivée à Dar es Salaam, en février 1994, deux mois avant le génocide de Rwanda ; routine de vie différente, par le manque d'eau potable, d'électricité, de sécurité, de communication téléphonique ; création de jardin potager ; apprentissage du swahili et de l'anglais ; les cours à l'*Alliance française ;* travaux d'édition de dessins assistés par ordinateur (DAO) ; contact avec la région de savane, les animaux sauvages *;* plusieurs rencontres avec des sensitifs (médiums) à des phénomènes de précognition, clairvoyance et lecture de la nature (aboiement des chiens) ; des leçons de vie.

3. **France.** Arrivée à Bordeaux en 1996 ; Naissance de ma fille Thaïs en 1996 à Paris ; idéalisation de la fonction de *mère ;* premier contact avec le style de vie européen ; famille ; perception d'un peuple plaintif ; formation en Français par l'*Université Montagne III.*

4. **Portugal.** Arrivée à Lisbonne en 1998 ; naissance de mon fils Thomas ; femme au foyer ; soin et attention à la famille ; études de dessin académique et langues ; autodidactisme.

5. **France.** Retour à Bordeaux en 2001, ville de Bruges, en Gironde, Nouvelle-Aquitaine ; enrichissement culturel avec des lycéens au cycle scolaire secondaire ; l'admission par concours à l'*École des beaux-arts de Bordeaux ;* exposition en galerie bordelaise ; entretien dans un journal local ; enracinement avec un premier achat de maison et séjour de 10 ans.

6. **Espagne.** Arrivée à Madrid en 2011 ; création et gestion de projets pour adolescents ; création d'une salle de musique et activités créatives en domicile ; nouveau groupe d'artistes locaux ; exposition à Madrid ; contact avec des gens dans la rue par la collecte d'affiches publicitaires (thèmes des nouveaux ouvrages) ; période de remise en question sur ma vie ; plusieurs voyages au Brésil ; découverte et participation au travail de la consciex *Dr Fritz* (médecin allemand à la 1ère GM), à la ville de Juiz de Fora, Minas Gerais ; premier contact avec le pouvoir de notre propre énergie personnelle dirigée par la volonté ; connaissance de la conscienciologie à travers les « *tertúlias conscienciológicas online* » (2013) ; crise personnelle paralysante ; extrapolations parapsychiques ; changements de profession et de pensée ; abandon du métier d'artiste ; concours universitaire ; nouveau holopensene.

Jeunesse. Nombreuses ont été les occasions depuis mon jeune âge, quand j'entendais des voix, sentais le *ballonement et la vibration* de quelques parties de mon corps, ou j'éprouvais des états d'immobilité physique sans savoir pourquoi. Malgré une expérience maternelle dans la psychographie, une méfiance du parapsychisme a fait partie de mon éducation.

Anecdote. Souvent ma mère et moi allions ensemble à différentes conférences. Fréquemment, je me retrouvais dans des états modifiés de conscience, accompagnés de ballonnement et de catalepsie. C'est alors que, inquiète, ma mère ouvrait son sac, sortait des caramels et me les imposait. Ces sucreries, immédiatement, m'enlevaient de cet état d'engourdissement.

Présence. Depuis très jeune je parlais avec un ami invisible ; chose *a priori* fréquente pour une jeune adolescente. Avec le temps, j'ai su mieux reconnaître la qualité de la présence (énergétique) de cet esprit, mais je n'avais pas conscience de son identité ou de la contingence. Je ne concevais pas encore cela comme une manifestation normale du monde.

Raccommodage. Dans ce contexte évolutif, je ne voyais pas comment réconcilier les idées innées sur la nature transcendantale de l'homme et la réalité du monde moderne. Un monde, qui ne voyant son environnement qu'à travers les molécules, les certifications de la Science, la productivité, les diplômes, les apparences, a exilé l'âme. (Udler, 2018, p. 24). Un monde où on avait appris à douter de nos perceptions. Dans mon entourage, il suffisait de mentionner des termes tels que « présence invisible », « sixième sens », ou encore simplement le mot « âme », pour que les gens s'en moquent. Alors, on finit par apprendre à se taire et à se ranger parmi la majorité, dans une sorte de conditionnement forcé, tout en réfléchissant à comment rallier ces deux univers.

Rencontre. L'inimaginable était de penser qu'un jour, je rencontrerais cet ami invisible (assistant extraphysique), dont les propos me motiveraient sans hésitation à lui accorder ma confiance (*Associação Internacional do Centro de Altos Estudos da Conscienciologia* - CEAEC, Foz de Iguaçu, dynamique de la *mégaeuphorisation*, en 2017).

II. Etat intraconscientiel avant l'expérience

Dérangement. Il y avait longtemps qu'une gêne habitait mes pensées et mon activité professionnelle. Je ne comprenais pas la raison d'un tel sentiment de mélancolie et de frustration. *Si j'aime ce que je fais, si j'ai construit une belle famille, si je suis en bonne santé, pourquoi ces impressions reviennent-elles ?* C'était l'utilité de mon métier d'artiste ainsi que la difficulté à prendre de nouvelles décisions, qui commençaient profondément à me déranger.

Sous-niveau. Peu à peu, intimement, j'ai identifié un potentiel inerte, comme endormi. De fait, j'avais eu l'opportunité de beaucoup voyager en famille, de connaître et de vivre en diverses cultures, parler de différentes langues, avoir des expériences bouleversantes, mais tout cela était stérile. Cet enrichissement personnel ne suffisait plus. *Pour quoi faire tout cela ?* Je me suis alors retrouvée immergée dans un état presque dépressif qui ne me ressemblait pas.

Opportunité. Étonnamment, pendant cette période, j'ai dû faire plusieurs voyages au Brésil (2012–2013) pour des raisons familiales et des rencontres inattendues ont eu lieu. Un important contact fut celui avec M. Francisco Monteiro, thérapeute et médium brésilien qui incorporait l'esprit d'un certain Dr. Fritz à travers une semi-possession bénigne (l'histoire énigmatique de ce médecin allemand, mort pendant la 1re guerre mondiale dont le travail de guérison spirituelle est disponible sur internet). Même s'il existait des éléments aléatoires dans les expériences vécues avec Dr. Fritz (des expériences entièrement publiques, d'ailleurs), tout ce que j'ai vu et appris avec Dr. Fritz est incontestable. A chaque expérience un message demeurait : – « *Va aider les autres avec tes capacités médiumniques* ».

La rencontre. De retour à Madrid, je cherchai un centre spirite pour y parler de tout cela. Effectivement, je ne connaissais aucune autre façon d'aborder des thèmes comme la médiumnité, les états modifiés de la conscience, le contact avec les esprits, enfin, toutes ces questions sur les phénomènes paranormaux. Après quelques recherches sur internet en utilisant le mot « *médiumnité* », je suis tombée sur « *parapsychisme* » « *conscienciothérapie* », « *accoplamentarium* ». Il s'agissait du site web de la conscienciologie où je retrouvai une collègue de classe au *lycée franco-brésilien*, ce qui me laissa bouche bée.

Cognopolis. Je m'apprêtais alors à découvrir le « *Quartier de la connaissance* », la *Cognopole* ou *Cognopolis*, fondée par des chercheurs volontaires de tout thème abordant la conscience (esprit, âme, soi-même). Ma surprise fut encore plus grande quand j'ai pu comprendre qu'il n'y avait aucune approche religieuse dans leurs travaux et leurs méthodes. En plus, des sujets tels que la bioénergie, l'expérience de mort imminente, les vies passées, la télépathie, étaient débattus de manière décomplexée et fluide avec du partage. Quelques jours ont suffi pour comprendre, avec un étrange mélange de colère et de satisfaction, que j'avais enfin trouvé ce que je cherchais : une approche laïque sur la spiritualité.

III. L'EXPÉRIENCE

Désemparée. Après l'écoute de colloques pendant quelques semaines j'avais mis entre parenthèses mes croyances, convictions, dogmes. Je venais, de moi-même, tirer le tapis de sous mes pieds, en faisant volontairement basculer avec lui ma réalité, dans un profond bouleversement.

Semi-possession. Dans ce cadre d'instabilité, une après-midi dans mon atelier, je sentis une présence. Au fur et à mesure, des sensations de gonflement, de vibration du corps entier et d'immobilité se mirent en place. J'avais l'impression que quelqu'un d'autre habitait mon corps.

Suspense. Malgré ma peur je n'ai pas essayé de fuir. L'air semblait *visqueux* et familier. Et là, j'entends une voix qui disait : « *Va voir les gens.* » « *Tu n'es pas en train de faire ce que tu devrais*. » Sans agressivité, ces phrases étaient répétées. Dans ma tête, cela avait du sens. La voix alors me demandait de prendre une feuille de papier et y écrire tout ce que je savais dans ma vie. J'ai écrit : la chimie, le français, la peinture, etc. Et là, la voix me coupe et dit : « *Non, non, pas cela. Tout. Voir, cuisiner, nettoyer etc., tout* ». J'ai repris donc ma liste et j'ai écrit tout ce qui me venait à la tête :

01. **Voir.**
02. **Marcher.**
03. **Parler.**
04. **Faire du vélo.**
05. **Faire de la couture.**
06. **Cuisiner.**
07. **Planter.**
08. **Être mère, épouse, sœur et fille.**
09. **Être élève, être professeur.**
10. **Lire, écrire.**
11. **La chimie.**
12. **Le français, l'anglais, le swahili.**
13. **Traduction.**
14. **Jouer des instruments musicaux.**
15. **Concevoir des livres, des marques.**
16. **Dessiner, étudier l'art.**
17. **L'art-thérapie.**
18. **La psychologie.**

Inspiration. Clairement, c'est moi qui écrivais mais j'étais belle et bien accompagnée. Chaque élément de la liste se déroulait en *crescendo*. A la fin, j'eus comme un bain d'énergie, car tout cela avait beaucoup de sens et je me sentais très bien. L'idée de retourner à l'université pour étudier la psychologie ne m'était jamais venue à l'esprit, et pourtant je l'embrassais.

IV. Changement de direction

Thérapie. Il ne s'agissait pas d'une simple liste. L'intention semblait être extrêmement thérapeutique car il avait dans cette liste, des réponses à des questions pas encore verbalisées (autodévalorisation, répression, une faible estime de soi), et qui m'ont touché profondément. C'était comme si j'avais *touché du doigt* mon inconscient, en pleine lumière du jour, sans avoir besoin de rêver. C'était un état modifié de conscience qui ne m'était pas complètement inconnu (le métier artistique se prêtait énormément à ce genre d'expérience).

Familiarité. Malgré le profond sentiment d'incertitude, j'ai identifié une route inusitée. Le schéma vibratoire de l'énergie répandu dans ma chambre donnait un ton réconfortant et amical. Je me sentais étonnamment bien.

Télépathie. Un dialogue entre moi et une *consciex* s'était établi, je n'en avais aucun doute. Il s'agissait d'un ami extraphysique qui faisait déjà partie de mon *réseau* mais qui cette fois-là, se manifestait distinctement, comme s'il m'incorporait (semi-possession bénigne) mais de manière très courtoise et élégante.

Expansions. Si je tentais de qualifier mon ressenti, je dirais que ma compréhension s'était *étendue*. C'est-à-dire comme si, tout à coup, l'espace dégagé de *bruit* me permettait de mener mes réflexions à bout, sans censures ni émotions extrêmes, à propos de mes talents reconnus, puis ceux dévalorisés ou encore ignorés.

Convergence. Le changement d'état émotionnel et parapsychique et la captation simultanée sans répression des nouvelles idées, ont été la base de cette sorte d'*autoguérison assistée par* cette *consciex* protectrice. Il s'agit de s'observer attentivement, ou encore de se rendre complètement comme un objet de la recherche (investigation participative). Concevoir le fonctionnement des mécanismes du parapsychisme en différents états mentaux est devenu un thème prioritaire (Balona, 2011, p. 161).

Herméneutiques. Au fait, l'univers des significations inférées dans cette expérience a créé un cheminement intraconscientiel qui a abouti à une sorte d'expansion de la conscience. Je pourrais dire qu'une synergie entre mes compétences créatives/imaginatives/cognitives et de puissants attributs télépathiques, m'a conduite à d'autres hypothèses sur moi-même et sur la réalité du monde. *Et si le Cosmos était beaucoup plus organisé que ce qu'on imaginait ? Serais-je plus puissante que je ne le croyais ? Et si la consciex avec qui je parlais depuis jeune fille, était mon père (mère) dans une autre vie ? Pourrais-je la reconnaître ? Comment garantir plus facilement une intercommunication effective ? Et si la spiritualité était la propre réalité ?*

Fruit. Ainsi, je propose comme hypothèse et produit de cette expérience, que ce synergisme a fonctionné comme un mécanisme paracognitif vers l'expansion de la conscience (Schlosser, 2018, p. 133). *Serait-ce la manifestation de l'engrenage de l'intuition, ou l'intuition elle-même ?*

Autoconnaissance. Plus tard j'ai compris que la moindre connaissance de soi-même alliée à l'ouverture de l'esprit (ouverture conscientielle) sont deux éléments indispensables pour arriver à capter des informations extraphysiques dirigées spécifiquement à soi. Sans ces atouts, nous pouvons manquer et gâcher l'occasion d'une communication interdimensionnelle (avec l'au-delà).

Décision : Dans ma tête c'était très clair. Le plan était le suivant :

1. Finir les dernières commandes à mon atelier artistique.
2. Ranger mes pinceaux, mes toiles et fermer mon atelier pour une durée indéterminée.

3. Rechercher des établissements pour suivre une formation en Psychologie, Traduction ou n'importe quelle discipline en rapport avec les talents listés.

4. Changer mon *holopensene* (cf. glossaire) et créer un nouveau *materpensene* (cf. glossaire).

Message. J'avais saisi mon chemin : utiliser l'art comme un moyen et pas plus comme une fin en soi. Cela sonnait comme une solution parfaitement adaptée à ma personne.

Restructuration. Avoir passé l'année 2013 en écoutant et participant des débats en ligne des articles de l'Encyclopédie de la Conscienciologie, m'a ouvert une nouvelle route neuronale ; un vrai réaménagement de ma pensée a eu lieu (autopensenité, cf. glossaire). Il me vient une autoconfiance qui modèle ma façon actuelle de vivre. Elle intervient en ma manière de m'habiller, d'agir, de prioriser, de choisir mes compagnies, de fixer mes objectifs. Enfin, une autorestauration immédiate qui m'a rendu plus authentique (Vieira, 2010).

Autobiographie. Avoir à négocier et renégocier avec des émotions anachroniques a orchestré des luttes internes, souvent inaperçues. Ainsi, grâce à la mémoire autobiographique, la personne peut organiser et combiner harmonieusement ses nouvelles connaissances du monde et de soi-même. Et le résultat essentiel de tout cela est la prise de conscience de l'identité personnelle, et la capacité de chacun à revivre son passé, interpréter le présent et planifier son avenir (Ruiz-Vargas, 2004).

Paradoxes. Selon le chercheur Luis Bonassi (2018, p. 305), les crises de croissance touchent profondément les racines des problèmes de l'être humain et exigent des explications, de nouvelles postures. Malgré l'intensité des sentiments qui peuvent émerger, les pensées se font plus claires et la conscience s'accuse, s'absout, change et mûrit.

Libération. Des études montrent que créer des narratives de nos expériences de manière sincère, tout en respectant les faits, est un moyen efficace d'obtenir une vie plus cohérente et flexible. Une fois que nous aurions identifié les blocages de nos récits et que l'on réussit à les surmonter, nous libérons effectivement les conflits et les non-dits internes et même *intergénérationneaux* (Siegel, 2012, p. 106).

Phénomènes. Ne souhaitant pas me précipiter dans les interprétations de phénomènes vécus ni dans leurs définitions, je propose ci-dessous, une liste de huit phénomènes possibles d'avoir été vécus pendant l'expérience, objet de cet article :

1. Ballonnement.
2. Catalepsie.
3. Communication télépathique.
4. Couplage énergétique avec consciex protectrice.
5. Inspiration de l'assistant extraphysique.
6. Expansions de l'autoconscientialité.
7. Récupération des *unicons* majeurs (cf. glossaire).
8. Semi-possession bénigne.

Achèvement. Aujourd'hui, six ans plus tard, il me reste six mois pour accomplir ma formation en Psychologie à l'*Université Autonome de Madrid,* institution publique à laquelle j'ai eu accès à travers un concours « selectividad ».

Contre-argument. Quoi qu'il en soit, la difficulté de changement de comportement après une psychothérapie, par exemple, est un fait bien connu dans le domaine de la psychologie clinique. Il semble clair que si l'on aperçoit des changements significatifs dans la vie quotidienne et/ou dans la gestion des conflits intérieurs et extérieurs de quelqu'un, cela est un signe positif de l'efficacité thérapeutique. Or, l'autothérapie promue par l'expérience présentée ici, indépendamment de la véracité des phénomènes parapsychiques décrits, a apporté des recyclages cohérents et consistants, malgré l'état de confusion initial. De ce fait, aller à l'investigation des états catalyseurs de cette amélioration est pertinent.

Projets. J'ai donc une nouvelle profession et conscience de moi-même. Désormais, mon but est de devenir thérapeute et professeur avec tout le savoir déjà conquis (cf. la liste), les différentes cultures et langues, l'art, la musique, les principes personnels, et enfin utiliser la cosmovision acquise pour la mettre au service des autres.

Parapsychisme. Le développement du parapsychisme d'interassistance, proposé par la conscienciologie, est désormais le fondement de mes études et pratiques de cette compétence intrinsèque à l'être humain.

Trajectoire. La direction maintenant est de créer des techniques d'interassistance lucide en utilisant notamment l'autoparapsychisme laïque, responsable et cosmoéthique (Arakaki, 2005, p. 231).

Considérations Finales

Annonce. Les crises de croissance sont souvent des avertissements. Leur contenu peut indiquer non seulement une nouvelle direction à prendre, mais aussi des qualités à faire évoluer et des défauts à éliminer sans plus tarder.

Authenticité. Ce récit exposé est l'expression d'une voix, jusqu'alors enfouie. L'ascension de cette voix peut se produire par la valorisation de nos perceptions et paraperceptions, résultant en une profonde rencontre de soi. Les dogmes privent la conscience de sa lucidité, éliminant l'autocritique et la capacité de réfutation.

Prudence. Le plus prévoyant est de ne pas banaliser les expériences multidimensionnelles. Souvent le changement souhaité se rapporte à la décision non-actée et dans les messages dévalorisés (Lindemann, 2018).

Engagement. L'introduction du parapsychisme comme mécanisme utile, valide et nécessaire dans la perception du monde interne et externe est urgente.

Conseil. Si je peux laisser quelques réflexions pour provoquer un processus critique de croissance personnelle (afin de quitter le pseudo-confort), je choisirais trois questions à approfondir :

1. Qu'est-ce qui vous dérange dans votre vie ?
2. Dans quel domaine, ou situation, vous vous trouvez le plus d'excuses ?
3. Quels sont vos plus grands caprices ?

Bibliographie spécifique

01. **Arakaki**, Cristina ; ***Responsabilidade Parapsíquica ;*** Revue ; *Conscientia ;* Trimestrielle *; Associação Internacional do Centro de Altos Estudos da Consciência,* Foz do Iguaçu, PR, *9*(3): juil./sept., 2005 ; pages 230 à 240.

02. **Azevedo,** Francisco Ferreira dos Santos ; ***Dicionário Analógico da Língua Portuguesa (Ideias Afins) ;*** int. Francisco Buarque de Hollanda *;* pról. Leodegário A. de Azevedo Filho *;* réviseurs Eduardo Carneiro Monteiro *;* Fátima Amendoeira Maciel *;* & Michele Mitie Sudoh *;* XXXVI + 764p. *;* 27 abrevs. *;* 89 énus. *;* glos. 1 000 termes *;* 1 tab. *;* alf. *;* 23,5 x 16 x 3 cm *;* br. *;* 2e éd. actual. et rév. *; Lexikon ;* Rio de Janeiro, RJ *;* 2010 *;* pages 15, 16, 36, 58 à 59, 228, 231, 304 à 305 et 342.

03. **Balona,** Málu ; ***Labilidade Parapsíquica Criativa ;*** Revue ; *Conscientia,* Trimestrielle *; Associação Internacional do Centro de Altos Estudos da Consciência,* Foz do Iguaçu, PR, *15*(1): jan./mar., 2011 *;* pages 154 à 170.

04. **Biondi,** Giovana *;* ***Atualização parapsíquica ;*** article encyclopédique *;* dans: **Vieira**, Waldo *;* Org, *;* ***Enciclopédia da Conscienciologia*** *;* article encyclopédique N. 5 284 présenté au *Tertuliarium / CEAEC ;* Foz de Iguaçu, PR *;* 26.09.2018 *;* disponible en <www.tertuliaconscienciologia.org> *;* accès en 11.07.2020.

05. **Bonassi,** Luiz ; ***Paradoxos: Você tem Certeza sobre Tudo o que Pensa?*** préf. Márcio Alves ; 638 p. ; 5 parties ; 156 chaps. ; 150 conclusions ; 1 courriel ; 5 000 entretiens ; 800 études de cas ; 81 énus. ; 1 000 exemples ; 23 films ; 150 phrases-synthèses ; 1 minicurriculum ; 1 questionnaire ; 644 questions ; 1 ponct ; 12 télénouvelles ; 6 télévisés ; 1 test ; 11 vidéographies ; 1 400 sites web ; 1 000 réfs. ; 23 x 16 x 3,5 cm ; br. ; *Associação Internacional Associação Internacional Editares* ; Foz do Iguaçu, PR ; 2016, page 305.

06. **Correia,** Afrânia **;** ***Extrapolacionismo parapsíquico recinológico*** **;** article encyclopédique ; dans: **Vieira**, Waldo ; Org. ; ***Enciclopédia da Conscienciologia*** **;** article encyclopédique N. 4 987 présentée au Tertuliarium / CEAEC ; Foz de Iguaçu, PR ; 30.09.2019 ; disponible en <www.tertuliaconscienciologia.org> ; accès en 12.05.2020.

07. **Dr. Fritz;** Wikipédia, *l'encyclopédie libre;* https://pt.wikipedia.org/wiki/Dr._Fritz.

08. **Lindemann**, Malu ; ***Sequência inteligente de desilusões*** **;** article encyclopédique ; dans: **Vieira,** Waldo ; Org. ; ***Enciclopédia da Conscienciologia*** **;** prés. par la Coordination de l'ENCYCLOSSAPIENS ; révs. de l'équipe des révs. de l'ENCYCLOSSAPIENS ; 27 vols. ; 23 178 p. ; vol. 16 ; 1 112 citations ; 11 chronologies ; 33 courriels ; 206 055 énus. ; 602 spécialités ; 1 photo ; glos. 4 580 termes (articles encyclopédiques) ; 701 microbiographies ; 270 tableaux ; 702 encyclopédistes ; 28 sites web ; 670 films ; 54 vidéographies ; 1 087 webgraphies ; 13 896 réfs. ; 9e éd. rév. et augm. ; *Associação Internacional de Enciclopediologia Conscienciológica* (ENCYCLOSSAPIENS) & *Associação Internacional Editares* ; Foz do Iguaçu, PR ; 2018 ; ISBN 978-5-8477-118-9 ; pages 20 276 à 20 281.

09. **Ruiz-Vargas,** José Maria, ***Claves de la memoria autobiográfica,*** autobiographie en Espagne: un balance. C. Fernández y M. A. Hermosilla (eds.). Madrid: Visor, 2004 ; pages 183-220.

10. **Schlosser,** Ulisses ; ***Expansão da consciência: hipótese paracognitiva sobre a correspondência entre parapercepção e imaginação*** ; Revue ; *Conscientia, Trimestrielle* ; *Associação Internacional do Centro de Altos Estudos da Consciência,* Foz do Iguaçu, PR, *22*(2): avr./juin., 2018 ; pages 132 à 141.

11. **Siegel,** Daniel J. ; ***O Poder da Visão Mental*****:** ***O Caminho para o bem-estar*** **(**Mindsight: The New Science of Personal Transformation) ; pref. Daniel Goleman ; trad. Fátima Santos ; 376 p. ; 12 caps. ; 1 énu. ; 3 schémas ; 5 ilus. ; 1 microbiographie ; 141 réfs. ; 23 x 15,5 cm ; br. ; *Best-Seller* ; Rio de Janeiro, RJ ; 2012 ; page 106.

12. **Udler,** Mônica ; ***A individuação espiritual: Henry Corbin e a perspectiva heideggeriana*** **;** Ed Humanitas, FAPESP, São Paulo, 2018 ; page 24.

13. **Vieira,** Waldo **;** ***Autorestauração imediata*** **;** article encyclopédique ; In: ***Enciclopédia da Conscienciologia Digital*** ; Vieira, Waldo ; Org. ; 9e éd. augm. et rév. ; 4 580 termes (article encyclopédique) ; 27 vol. ; Foz do Iguaçu: PR ; *Associação Internacional Editares* ; 2018 ; Vol. 6 ; pages 4 100 à 4 103.

14. **Idem** **;** ***Holopensene*** **;** **a**rticle encyclopédique ; dans: **Vieira,** Waldo ; Org. ; ***Enciclopédia da Conscienciologia*** **;** prés. par la Coordination de l'ENCYCLOSSAPIENS ; révs. de l'équipe des révs. de l'ENCYCLOSSAPIENS ; 27 vols. ; 23 178 p. ; vol. 16 ; 1 112 citations ; 11 chronologies ; 33 courriels ; 206 055 énus. ; 602 spécialités ; 1 photo ; glos. 4 580 termes (articles encyclopédiques) ; 701 microbiographies ; 270 tableaux ; 702 encyclopédistes ; 28 sites web ; 670 films ; 54 vidéographies ; 1 087 webgraphies ; 13 896 réfs. ; 9e éd. rév. et augm. ; *Associação Internacional de Enciclopediologia Conscienciológica* (ENCYCLOSSAPIENS) & *Associação Internacional Editares* ; Foz do Iguaçu, PR ; 2018 ; ISBN 978-5-8477-118-9 ; pages 12 030 à 12 034.

15. **Idem** **;** ***Materpensene*** **;** article encyclopédique ; dans: **Vieira,** Waldo ; Org. ; ***Enciclopédia da Conscienciologia*** **;** prés. par la Coordination de l'ENCYCLOSSAPIENS ; révs. de l'équipe des révs. de l'ENCYCLOSSAPIENS ; 27 vols. ; 23 178 p. ; vol. 16 ; 1 112 citations ; 11 chronologies ; 33 courriels ; 206 055 énus. ; 602 spécialités ; 1 photo ; glos. 4 580 termes (articles encyclopédiques) ; 701 microbiographies ; 270 tableaux ; 702 encyclopédistes ; 28 sites web ; 670 films ; 54 vidéographies ; 1 087 webgraphies ; 13 896 réfs. ; 9e éd. rév. et augm. ; *Associação Internacional de Enciclopediologia Conscienciológica* (ENCYCLOSSAPIENS) & *Associação Internacional Editares* ; Foz do Iguaçu, PR ; 2018 ; ISBN 978-5-8477-118-9 ; pages 14 514 à 14 518.

Bibliographie Complémentaire

1. **Balona,** Malu ; ***Autocura através da Reconciliação: Um Estudo Prático sobre a Afetividade*** ; prés. Daniel Muniz ; pref. Cristina Arakaki ; préf. 1a édition Marina Thomaz ; préf. da 2a édition Daniel Muniz ; réviseurs Alexander Steiner et al. ; 354 p. ; 2 sections ; 11 chaps. ; 18 courriels ; 1 entretien ; 56 énus. ; 2 échelles ; 3 schémas ; 125 expressions et dits populaires ; 1 photo ; 10 graphs. ; 6 ilus. ;1 microbiographie ; 5 tableaux synoptiques ; 4 questionnaires ; 2 tableaux. ; 17 techniques ; 5 théories ; 15 sites web ; glos. 86 termes ; 25 infographies ; 20 scénographies ; 72 films ; 324 refs. ; 2 appends. ; alf. ; 21 x 14 cm. ; br. ; 3a éd. rév. et augm. ; *Associação Internacional Editares* ; Foz do Iguaçu, PR ; 2009 ; pages 36, 81 à 83, 94, 109 et 110.

2. **Lindemann**, Malu ; ***Erro Novo ;*** article encyclopédique ; dans: **Vieira,** Waldo ; Org. ; ***Enciclopédia da Conscienciologia ;*** prés. par la Coordination de l'ENCYCLOSSAPIENS ; révs. de l'équipe des révs. de l'ENCYCLOSSAPIENS ; 27 vols. ; 23 178 p. ; vol. 16 ; 1 112 citations ; 11 chronologies ; 33 courriels ; 206 055 énus. ; 602 spécialités ; 1 photo ; glos. 4 580 termes (articles encyclopédiques) ; 701 microbiographies ; 270 tableaux ; 702 encyclopédistes ; 28 sites web ; 670 films ; 54 vidéographies ; 1 087 webgraphies ; 13 896 réfs. ; 9e éd. rév. et augm. ; *Associação Internacional de Enciclopediologia Conscienciológica* (ENCYCLOS-SAPIENS) & *Associação Internacional Editares* ; Foz do Iguaçu, PR ; 2018 ; ISBN 978-5-8477-118-9 ; pages 9 894 à 9 899.

3. **Idem ; *Teletertuliano Assíduo*** ; article encyclopédique ; dans: **Vieira,** Waldo ; Org. ; ***Enciclopédia da Conscienciologia ;*** prés. par la Coordination de l'ENCYCLOSSAPIENS ; révs. de l'équipe des révs. de l'ENCYCLOSSAPIENS ; 27 vols. ; 23 178 p. ; vol. 16 ; 1 112 citations ; 11 chronologies ; 33 courriels ; 206 055 énus. ; 602 spécialités ; 1 photo ; glos. 4 580 termes (articles encyclopédiques) ; 701 microbiographies ; 270 tableaux ; 702 encyclopédistes ; 28 sites web ; 670 films ; 54 vidéographies ; 1 087 webgraphies ; 13 896 réfs. ; 9e éd. rév. et augm. ; *Associação Internacional de Enciclopediologia Conscienciológica* (ENCYCLOS-SAPIENS) & *Associação Internacional Editares* ; Foz do Iguaçu, PR ; 2018 ; ISBN 978-5-8477-118-9 ; pages 21 811à 21 817.

4. **Musskopf,** Tony ; ***Autenticidade Consciencial ;*** préf. Kátia Arakaki ; réviseurs Claudio Lima ; et al. ; 376 p. ; 6 sections ; 107 chaps. ; 71 abrévs. ; 22 courriels ; 155 énus. ; 81 termes étrangers ; 1 microbiographie ; 1 questionnaire sur l'authenticité conscientielle avec 10 questions et 10 réponses ; 3 tabs. ; 19 sites web ; glos. 237 termes ; glos. 11 termes (néologiques spécialisés) ; 6 films ; 508 réfs. ; 1 annexe ; alf. ; geo. ; ono. ; 23,5 x 16,5 cm ; br. ; *Associação Internacional Editares* ; Foz do Iguaçu, PR ; 2012 ; page 151.

5. **Vieira,** Waldo ; ***Projeciologia: Panorama das Experiências da Consciência Fora do Corpo Humano ;*** réviseurs Alexander Steiner ; *et al.* ; 1 254 p. ; 18 sections ; 525 chaps. ; 150 abrevs. ; 17 *courriels* ; 1 156 énus. ; 1 échelle ; 1 photo ; 3 graphs. ; 42 ilus. ; 1 microbiographie ; 1 synopse ; 2 tabs. ; 15 *sites web* ; glos. 30 0 termes ; 2 041 réfs. ; alf. ; geo. ; ono. ; 28 x 21 x 7 cm ; enc. ; 10e éd. rév. et augm. ; *Instituto Internacional de Projeciologia e Conscienciologia* (IIPC) ; Rio de Janeiro, RJ ; 1999 ; page 366.

6. **Zaslavsky,** Alexandre ; ***Cotejo Parapsiquismo religioso-Parapsiquismo laico ;*** article encyclopédique ; dans: **Vieira**, Waldo ; Org, ; ***Enciclopédia da Conscienciologia*** ; article encyclopédique N. 5 284 présentée au *Tertuliarium* / CEAEC ; Foz de Iguaçu, PR ; 23.07.2020 ; disponible en <www.tertuliaconscienciologia.org> ; accès en 27.08.2020.

20 questions sur l'étude des vies passées : entretien avec le professeur de conscienciologie Pedro Fernandes

20 Questions on the Study of Past Lives: Interview with Conscientiology Instructor Pedro Fernandes

20 Perguntas sobre o Estudo das Vidas Passadas: Entrevista com o Professor de Conscienciologia Pedro Fernandes

Pedro Fernandes*

* Médecin radiologue et conscienciologue. Bénévole de la conscienciologie depuis 1991. Auteur de plusieurs articles scientifiques, chapitres de livres conscienciologiques et de plus d'une centaine d'articles de l'*Enciclopédia da Conscienciologia* en Portugais.

pedrof1338@gmail.com

Récit reçu le : 18.04.2021.
Approuvé pour la publication le : 10.08.2021.

01. Qu'est-ce que la conscienciologie ?

La conscienciologie est la science qui étudie la personne (conscience) de façon intégrale. Si on la compare avec d'autres connaissances vouées à l'étude de la personnalité, comme c'est le cas de la psychologie, la conscienciologie considère que chacun de nous est le résultat, pas seulement de la génétique ou de l'interaction avec le milieu, mais de plusieurs vies. Elle considère donc que la personne porte, outre ce corps physique, d'autres corps plus subtils, dont un énergétique, un émotionnel et un mental, tous intégrés dans notre quotidien. Chacun d'eux reçoit un nom spécifique pour aider dans la recherche de l'expression ou manifestation de chacun de nous.

Donc, selon la conscienciologie, les gens ne meurent pas vraiment, elles changent simplement de dimension, se manifestant dorénavant à travers les corps plus subtils.

Sous cette perspective, la conscienciologie possède un outillage plus étendu pour aider dans les recherches de la conscience, en visant, non seulement l'aider vers une meilleure compréhension de soi, mais dans la qualification de ses propres traits et caractéristiques (autoévolution).

02. En quoi consiste le paradigme conscientiel ?

Toute science s'appuie sur des modèles mentaux constitués par des théories et méthodes orientant leurs recherches des vérités ou la découverte de la réalité sous-jacente aux faits quotidiens. Alors, dans le cas de la conscienciologie, si on se propose à étudier une réalité multidimensionnelle et multiexistentielle, on doit élargir les approches, tout en conservant, évidemment, la rationalité, la nécessité d'attestation et la reproductibilité. Seulement, dans le cas du paradigme conscientiel, l'autoattestation de ces réalités transcendantes est focalisée. L'expérience personnelle est donc fondamentale. Après avoir éprouvé, par exemple, le phénomène de l'expérience hors du corps, la personne se convaincra qu'elle n'est pas son corps physique, qu'elle existait avant cette vie, pouvant rencontrer d'anciens parents décédés, beaucoup desquels viennent justement lui expliquer cette réalité. Quand la personne l'éprouve, elle peut échanger des détails de ces expériences avec ceux qui ont également éprouvé cette réalité. D'où l'importance de la conscienciologie, puisqu'elle propose des méthodes et techniques pas seulement pour ceux qui n'ont pas éprouvé la possibilité de ces phénomènes, mais surtout pour aider à expliquer la raison d'être de la nécessité de renaître, de rencontrer les gens ici et venir accomplir un programme de vie que la personne avait préparé avant renaître, ce que nous appelons proéxis (programme existentiel).

Par là on voit que la conscienciologie est une science appliquée, pratique, qui vise à aider à améliorer la qualité de vie des gens, puisque son objet de recherche est la personne elle-même, y compris ses souhaits, rapports, attributs, enfin, tout ce qui se rapporte à l'expression conscientielle.

Ainsi, le paradigme conscientiel est considéré la théorie-maître de la conscienciologie. Bref, le paradigme conscientiel considère que les gens sont aujourd'hui le résultat de plusieurs vies (multiexistentialité), que la personne est un être multidimensionnel, pouvant développer des capacités parapsychiques à partir de la maîtrise des énergies personnelles, et que ce qui régit toute cette mécanique évolutive est la dénommée *Loi cosmoéthique de cause à effet*. C'est cette loi qui expliquera les affinités entre les gens, la raison d'être de certains accidents ou événements, à partir du mérite acquis au long des vies consécutives. Elle déterminera aussi ce que nous appelons le *principe de l'inséparabilité groupekarmique*, c'est-à-dire le fait que le processus d'évolution se produise à partir de l'interdépendance entre les gens au long des vies, et entre l'homme et les autres réalités du cosmos, y compris la nature et les animaux. Ainsi, la conscienciologie propose que ce soit la cosmoéthique, c'est-à-dire, l'éthique cosmique, qui maintiendra le flux des événements dans le but d'augmenter l'harmonie entre tout et tous. Celui qui se manifeste le plus en syntonie avec un tel flux cosmoéthique évoluera le plus vite.

03. Qu'est-ce que la sériexologie ?

La conscienciologie possède aujourd'hui des milliers de spécialités pour pouvoir justement s'occuper de la recherche de toute réalité comprenant la conscience et ses formes de manifestation. La sériexologie est donc la spécialité vouée aux recherches de la sérialité existentielle (cf. glossaire). C'est-à-dire, la recherche des détails, des coulisses et des caractéristiques de la mécanique des vies consécutives. La sériexologie cherchera à répondre des questions comme :

- *Combien de temps demeure une personne dans la dimension extraphysique (intermission) entre deux vies intraphysiques ?*
- *Quelles techniques peuvent être utilisées pour se souvenir des vies passées (rétrocognitions) ?*
- *Quelle est la cause multiexistentielle des facilités et difficultés d'une personne pendant la vie actuelle ?*
- *Pourquoi est-ce que je suis né dans cette famille plutôt que dans une autre ?*

04. Quelle est l'importance d'étudier les vies passées ?

Augmenter la lucidité par rapport au présent. Celui qui ignore d'où il vient, ne sait pas où il va. En reconnaissant sa propre histoire évolutive, c'est-à-dire, en remémorant des morceaux de vies passées, l'individu se forme un *puzzle* explicatif des détails de sa vie présente, en comprenant l'origine de certaines phobies ou aversions à quelques personnes, jusqu'à des explications sur les goûts, préférences ou tendances personnels. Pour quelle raison telle personne aime tant les bateaux, la mer, l'océan ? Pourquoi une telle autre collectionne-t-elle des timbres ? En raison de quoi quelqu'un se spécialise dans l'Égypte antique ? Pourquoi aime-t-il tant sa compagne ? Enfin, avec le temps, la personne se convainc qu'elle est en train de répéter plusieurs expériences passées.

D'où l'importante interrogation : n'est-il pas l'heure de renouveler nos propres intérêts en des termes plus nobles, plus évolutifs ? La sériexologie aboutira à la conclusion que ce qui nous libère, émancipe évolutivement, c'est le dévouement lucide aux autres. Assister les autres personnes et les êtres vivants de façon générale est la meilleure stratégie pour cesser de renaître. Oui, puisque, selon nous, la personne évolue tout au long des vies jusqu'à un moment où elle a déjà appris tout ce qui lui fallait dans cette planète et n'aura plus besoin de renaître. Elle accèdera à un nouveau niveau évolutif, un nouveau cycle. Apparemment il faudra à une personne « ordinaire » d'aujourd'hui encore beaucoup de millénaires pour qu'elle passe à cette phase. Alors, plus nous saurons prioriser des expériences édifiantes, assistantes et correctes (cosmoéthiques), plus nous nous y dirigerons vite.

05. Quel est le différentiel d'étudier le thème selon la sériexologie ?

La sériexologie est le chemin de la cosmovisiologie théorico-pratique, ou théatique, c'est-à-dire, la façon d'élargir la vue sur le processus évolutif pour rester plus lucide, avec un plus grand discernement. La recherche des racines des manifestations actuelles dans le passé l'impose, malgré même le chercheur - et théoriquement et pratiquement. Les rétrocognitions permettent ça. Il est inévitable. Lorsqu'elle se convainc qu'elle a vécu avant, la personne commence à vouloir réduire ses fautes, en priorisant davantage les manifestations du paracorps du discernement (mentalsoma), puisque c'était en général ce qui lui manquait dans ses vies passées. Nos erreurs se sont produites, pour la plupart, par d'exacerbations émotionnelles (jalousie ; envie ; recherche du pouvoir ; défense du moi ; vanité ; orgueil etc.).

06. Quel est le rapport des traumas, phobies, préjugés, marques corporelles, maladies, avec les vies passées ?

Nous ne pouvons pas généraliser, mais beaucoup de cas, en effet, s'y rapportent étroitement. Les marques de naissance, par exemple, se transmettent d'un corps à autre à travers le psychosoma, également connu comme corps astral ou corps émotionnel. Le Dr. Ian Stevenson, psychiatre canadien, a beaucoup recherché là-dessus et a prouvé cette réalité. Il suffit de consulter ses livres. Quand on sort du corps, on peut rencontrer des gens qui maintiennent, dans le psychosoma, les marques des altérations physiques subies, surtout par occasion de morts traumatiques. Si cette consciex ne comprend pas que le psychosoma n'a pas besoin de maintenir de telles altérations, elle finit par se les fixer, les “transmettant” au nouveau corps. Elle l'impose à son nouveau corps. Nous étudions ça sous le nom de *paragénétique*, c'est-à-dire, l'ensemble des héritages multiexistentiels que la conscience transfère à soi-même de vie en vie. Le même raisonnement vaut pour les traumas, phobies, préjugés... La personne ne cesse pas d'être ce qu'elle est simplement pour être née à nouveau. Nous apportons avec nous tout le bagage émotionnel, intellectuel, enfin, les expériences personnelles des vies passées.

07. Comment pouvons-nous nous souvenir de ces vies passées ? Serait-ce bénéfique ?

Il y a des techniques rétrocognitives que la personne peut elle-même appliquer. D'abord elle doit se demander pourquoi elle veut remémorer le passé. Si l'intention est pure, les chances d'y être aidée augmenteront. À propos de vies passées, nous devons retenir qu'il s'agit avant tout d'un processus évocateur. Nous devons donc savoir faire face aux énergies et consciences éventuellement apportées au présent. Ainsi, il convient que la personne se focalise sur une période avec laquelle elle ait une affinité positive, plaisante, à partir d'une curiosité saine. Elle devrait essayer d'appliquer la technique pendant une période d'immersion, par exemple un mois, à la même heure et à la même place. Place et lieu devront être calmes, paisibles et positifs pour qu'il n'y ait pas d'interférences externes. À travers la maîtrise des propres énergies, elle peut promouvoir une décoïncidence, c'est-à-dire une séparation des corps de manifestation, tout en maintenant le *focus* historiographique. Ce jalon historique doit avoir été étudié d'avance en détail. Ensuite, elle doit se repasser mentalement tous les détails en circulant ses énergies. Il est important de ne pas vouloir contrôler le processus. Laisser le phénomène se passer de façon spontanée, ce qui peut arriver par clairvoyance ou projection.

08. Quels indices peuvent nous montrer l'époque où nous avons vécu ?

Il y a plusieurs manières d'identifier les indices du passé dans la vie présente. La principale est de faire ce que nous appelons recherche sériexologique, c'est-à-dire examiner les racines holobiographiques probables de nos tendances, goûts, préférences et affinités. En termes pratiques, la personne peut analyser 6 fronts, avec les interrogations correspondantes :

1. **Tempérament :** qu'est-ce qui a probablement moulé ma façon d'être dans le passé ? Sous quel holopensene (ensemble de *pens*ées, *sen*timents et *éne*rgies) prédominant a-t-il été moulé ?
2. **Attributs :** que disent à mon sujet mon mégatraf*ar* (mégatrait-fardeau), mégatraman (mégatrait-manquant) et mégatraf*or* (mégatrait-force) en termes holobiographiques?
3. **Groupekarma :** que dénoncent de mon passé ma famille et mes compagnies ?
4. **Parapsychisme :** quelles preuves parapsychiques je détiens sur ma trajectoire holobiographique ? Les rétrocognitions, projections lucides et clairvoyances à la teneur rétrocognitive comprises.
5. **Proéxis :** Quelles nécessités karmiques de recomposition ma tâche existentielle reflète-t-elle (le propos de vie) ?
6. **Para-histoire :** avec quelles périodes, épisodes et personnages historiques ai-je le plus d'affinités ?

09. Qu'est-ce que la personnalité consécutive dans les études de la sériexologie ? Comment a été pour toi la découverte d'une de tes personnalités du passé ?

Personnalité consécutive est le phénomène où une personne coexiste avec une autre en deux moments différents, à partir de deux corps différents. Comme un exemple, supposons qu'un couple perde leur fils quand il avait 15 ans. 10 ans après, la sœur cadette de la mère du garçon se retrouve enceinte. À la mesure que l'enfant se développe, la famille commence à remarquer que le nouveau garçon possède les mêmes caractéristiques de tempérament, tendances et caractère du décédé. De tels cas sont très fréquents, mais le manque d'éclaircissement sur cette réalité empêche les parents et les autres membres de la famille de voir ça. Souvent, l'enfant renaît et reconnaît ses anciens parents ou raconte quelques souvenirs de sa vie passée, ce qui finit par prouver cette réalité.

Quant à moi, je recherche depuis 2009 l'hypothèse d'avoir été le lexicographe français Émile Littré (1801–1881). Cette hypothèse est parue après l'allusion à ce nom pendant un dîner avec le Professeur Waldo Vieira (1932–2015) et une série de synchronicités et phénomènes rétrocognitifs que j'avais éprouvés avant et après ce dîner. Jusqu'à présent, les faits et parafaits sont en train de confirmer cette thèse. Lorsqu'on se souvient d'une vie passée ou de plusieurs, la vie présente change, puisqu'on dispose dorénavant de paramètres pour établir des comparaisons.

Par exemple, on se rend compte qu'un certain défaut (trafar) qu'on a aujourd'hui est plus ancien qu'on le croyait. Cela fait qu'on y soit plus attentif, afin de se débarrasser des trafars. D'ailleurs, comme l'a été dit en réponse à la question précédente, on devient plus attentif à l'entourage présent, pour savoir qui sont ces gens, si elles n'étaient pas présentes aussi pendant la vie antérieure, ce qui nous permet d'aider plus. Un autre aspect, que je valorise beaucoup, est l'ensemble des écrits de la rétropersonnalité. En retenant ça, je cherche à dépasser à présent la qualité et la quantité de ces ouvrages-là, visant à laisser les bases de ma prochaine vie déjà préparées. C'est-à-dire, de la même façon que j'ai eu accès aujourd'hui à cette information du passé, je suppose que j'aurai accès à cette vie actuelle pendant la prochaine, surtout à partir de l'héritage bibliographique que je serai capable de laisser.

10. Quels phénomènes rétrocognitifs peuvent-ils avoir lieu ?

Le souvenir d'épisodes de vies passées ou de périodes intermissives peut avoir lieu sous plusieurs formes. La personne dans son quotidien pourrait être soudain « envahie » par des mémoires anciennes, mais cela tend à être rare et difficile. Celles qui dominent leurs propres énergies et possèdent un plus grand degré de décoïncidence des corps, ont plus de facilité. Une autre manière est de l'avoir avec les dénommées expériences hors du corps. En quittant temporairement le corps on devient plus apte à accéder à l'holomémoire. Mais les rétrocognitions peuvent surgir aussi par couches et mélangées avec d'autres phénomènes, selon la liste suivante :

01. **Intuition autorétrocognitive :** l'idée claire et instantanée sur son propre passé.

02. **Impression autorétrocognitive :** la sensation holosomatique de familiarité avec un certain contexte passé, par exemple pendant un voyage à l'étranger.

03. **Inspiration autorétrocognitive :** la néoinformation télépathique du protecteur sur une rétrovie possible.

04. **Déjà-éprouvé autorétrocognitif :** la rétroexpérience marquante affleurée, aujourd'hui, de façon spécifique, par exemple avec la perception intime du *déjà-aimé, déjà-retrouvé, déjà-lu, déjà-entendu, déjà-pensé, déjà-senti, déjà-vécu, déjà-visité* et *déjà-vu,* en produisant la sensation d'être en train de répéter ou reconnaître des particularités ou même la totalité d'une certaine vie passée *(déjà-éprouvé sériexologique).*

05. **Psychométrie autorétrocognitive :** l'auscultation des énergies gravitantes d'un certain objet déclenchant d'autosouvenirs.

06. **Clairvoyance autorétrocognitive :** la clairvoyance faciale, extraphysique ou à distance, constituée par des composants informatifs de son propre passé.

07. **Projection autorétrocognitive :** l'expérience hors du corps aidée extraphysiquement, marquée par l'accès direct à l'holomémoire, déclenchant l'actualisation des données cérébrales (archivistique holobiographique).

08. **Pangraphie autorétrocognitive :** l'ensemble des phénomènes transcendants simultanés dont le message basique est la révélation des racines de la manifestation personnelle et groupale.

09. **Synchronicité autorétrocognitive :** l'interactivité groupale coïncidant vie après vie, provoquant des phénomènes de reconnaissance d'étalons comportementaux et interpersonnels, par exemple pendant la coexistence quotidienne.

10. **Cosmoconscience autorétrocognitive** : le relâchement mentalsomatique provoquant l'expansion de la conscience et permettant l'autorécupération maximale d'*unicons* majeurs, par exemple pendant l'expérimentation du *paraphénomène de la cosmoconscience.*

11. Quelles sont les premières mesures que nous devons prendre pour améliorer notre solde karmique du passé à travers la sériexologie ?

Je les résumerais en deux :

- Penser moins en nous-mêmes (en finir avec le grand ego, un plus grand altruisme).
- Aider les autres beaucoup plus et sincèrement.

12. Quel rapport les synchronicités ont-elles avec les vies passées ?

Un rapport absolu. Les phénomènes d'interactivité, synchronicité ou simultanéité, ayant des significations pour ceux qui les éprouvent, peuvent avoir plusieurs causes, dont le fait que la ou les personnes impliquées se trouvent en train de répéter un comportement suivant un scénario déjà tracé dans une vie précédente. Ainsi, les choses tendent à se répéter en présentant des « coïncidences » entre elles, parce que cette personne est entrée dans cette syntonie-là. Les énergies respectives tendent à former un champ propice à de tels événements.

13. Quelle est l'importance de connaître des vies passées par rapport à l'étude des êtres totalement libres des harcèlements ?

Accéder à son passé signifie exhumer des émotions, consciences et idées. Même si la personne a eu un passé plutôt positif, les énergies accédées tendent à être plus denses, puisqu'elles doivent s'actualiser. S'il lui manque de la solidité énergétique pour supporter la pression découlant de l'expérience, elle pourrait finir par être engloutie par le contexte rétrocognitif et subir des conséquences moins favorables. Alors, elle pourrait répéter des expériences inutiles (automimétisme dispensable) jusqu'à subir un accident de parcours quelconque. La condition d'absence totale d'intrusions subies en est l'antidote. Comme la personne ne subit plus aucun autoharcèlement, elle demeure blindée aux interférences d'éventuelles énergies ou consciences entropiques qui avaient été évoquées. L'être totalement débarrassé des intrusions ne se laisse plus affecter par ces manifestations secondaires au processus rétrocognitif.

14. Qu'est-ce qui est antagonique à la connaissance des vies passées ?

Je pense que ce serait le manque d'ouverture ou néophobie par rapport aux réalités multidimensionnelles et pluriexistentielles. Les individus plus "matérialistes" auront difficilement accès à leur propre passé.

15. Y a-t-il quelque corrélation entre l'optimisation de ces études et la réurbanisation extraphysique ?

La réurbex vise à accélérer l'évolution des consciences à partir d'un rythme plus fort de « nettoyage » (réurbanisation) des ambiances extraphysiques dégradées. Les rétrocognitions lucides sont un outil essentiel dans ce processus pour deux raisons basiques : elles accélèrent la conquête de l'holomaturité et permettent l'évocation d'anciens compagnons du passé qui peuvent être assistés en leurs besoins (interassistance).

16. Est-ce que cette connaissance aide ou potentialise la maturité conscientielle ? Peut-il y avoir quelque type de régression ? Dans le cas affirmatif, quelle en serait la prophylaxie?

Certes. Voir les immaturités qu'on a commises contre d'autres personnes dans le passé fait réfléchir plus profondément. Cela rend inévitable le recyclage des propres valeurs et comportements. De là provient la maturité conscientielle. La régression peut avoir lieu lorsque la personne se fascine avec une certaine rétrovie et finit par s'aliéner de la vie présente. On doit se conscientiser que l'étude des vies passées est un paramètre, un référentiel. C'est comme un rétroviseur ; on le regarde parfois pour avoir un paramètre pour mieux conduire, avec plus de sécurité. C'est-à-dire, la priorité est la vie présente. La prophylaxie est donc de s'engager dans une activité d'assistance dans la vie actuelle avec de la motivation, puisque c'est le focus le plus évolutif. Cela est d'autant plus vrai qu'en général seulement après cet engagement d'interassistance les gens sont aidés à se souvenir du passé par les protecteurs. Les rétrocognitions ont lieu pour qualifier notre interassistance.

17. Comment les champs rétrocognitifs ont lieu et quelles sont leurs principales caractéristiques ?

Les champs énergétiques se forment à partir des énergies d'un donateur ou plusieurs. Plus d'expériences, sensibilité et ectoplasmie les personnes impliquées auront, plus intense sera ce champ. C'est comme s'il se formait une bulle aux énergies plus denses, laquelle approche les dimensions, en facilitant les assistances, effets physiques et phénomènes parapsychiques en général. La base de ce processus est ce qu'on appelle décoïncidence ou séparation des véhicules de manifestation. Dans le cas des rétrocognitions, on priorisera un thème d'intérêt lié au passé. Par exemple, la période avant la naissance (la période intermissive) ou un certain moment de l'histoire avec lequel on a un rapport positif, plaisant. À mesure qu'on harmonise les énergies avec l'évocation du passé, les rétrocognitions ont plus de chances d'avoir lieu.

18. Quels sont les bénéfices de l'autorétrocognition ?

Il y a plusieurs bénéfices, comme traité précédemment. Pour synthétiser, je soulignerais les trois suivants :

1. **Flexibilité mentale :** les rétrocognitions permettent qu'on élargisse la façon de regarder le monde, en commençant par la manière de comprendre notre propre fonctionnement (autorecherche). Comprendre comment l'évolution se produit à travers la sérialité existentielle élargit les idées et tend à réduire les *a priori* (cosmovision).

2. **Assistance :** les souvenirs du passé étendent notre altruisme, autodévouement et maxifraternisme lorsque nous nous rendons compte que nous avons eu plusieurs corps, de différents genres et ethnies, ayant assumé différents rôles dans le contexte groupekarmique.

3. **Proéxis :** les rétrocognitions fournissent des paramètres, de la motivation et le sens du détail à propos des clauses où nous nous sommes engagés avant la naissance pour être concrétisées dans la vie présente. Envisager l'accomplissement existentiel devient plus motivant, puisque la personne comprend la raison d'être née.

19. Connaître un peu sur les vies passées permet-il de préparer un meilleur plan pour les vies futures ?

On pourrait faire une analogie avec les patients amnésiques. Ces gens, qui, pour une raison quelconque (généralement maladie ou accident) perdent l'accès aux mémoires de la vie présente, se trouvent incapables d'arrêter un plan pour ce qu'ils feront le lendemain. Cela prouve que la connaissance quant à notre histoire est fondamentale à tout projet existentiel. Le même se passe par rapport aux rétrocognitions. Ceux qui ont un plus vaste accès aux rétromémoires peuvent préparer un meilleur plan, concernant non seulement leur futur immédiat (les prochains jours et années), mais aussi pour leurs vies subséquentes, car ils commencent à investir dès maintenant à l'augmentation de leur lucidité. Par exemple, en s'efforçant pour améliorer le climat intraconscientiel, en visant, par l'autorecherche, la conquête de la déperticité, c'est-à-dire la condition du déperto, l'être *dé*harcélé *per*manent *to*tal, tout en écrivant des livres voués à être récupérés par l'auteur lui-même dans ses prochaines vies. Avec le temps épargné, il pourra prioriser la connaissance précoce de la tâche d'éclaircissement.

20. À qui la recherche et la connaissance des vies passées sont-elles recommandées ?

À toute personne intéressée à l'amélioration de sa qualité de vie à partir d'une compréhension plus étendue de son rôle et responsabilités dans la vie présente.

Accouplement aurique : fusion des champs énergétiques d'un ou plusieurs individus.

Assistanciologie : l'assistanciologie est la spécialité de la conscienciologie appliquée aux techniques de soutien et d'aide interconscientielle, notamment pour la conscience considérée comme "entière", holosomatique et multimillénaire en vue de l'holomaturité. Le travail de solidarité lucide entre les consciences sur le chemin de la mégafraternité. (*Homo sapiens reurbanisatus*, 2004, p. 235).

Assistant : personne dévouée à l'assistance, en aidant ceux qui ont besoin et en respectant la limite de la personne assistée.

Autoaffrontement : la décision consciente de la conscience de faire face à ses défauts pour les surmonter et poursuivre son évolution.

Autocognition : L'autocognition est la condition, la qualité, le caractère ou l'état de la conscin, homme ou femme, dans la recherche rationnelle pour se connaître soi-même dans le contexte de la vie évolutive, intra et extraphysique.

Autoconscienciométrologie : relatif à la métrie de la propre conscience.

Autoconscienciothérapeutique : relatif à la thérapeutique de la propre conscience.

Autoconscienciothérapie : l'autoconscienciothérapie est l'autorétablissement conscient ou inconscient, travaillé de l'intérieur vers l'extérieur de la conscience, centrifuge, à travers l'autoanamnèse holosomatique et pluriexistentielle, à partir de l'affrontement et le dépassement des pathologies et parapathologies conscientielles. (*Homo sapiens pacificus*, 2007, p. 919).

Autocorruption : le fait d'abaisser son intégrité ou ses mœurs, ou de trahir ses principes et son savoir.

Autodiscernement : l'autodiscernement est l'acte ou l'effet de discerner et de déterminer la capacité personnelle supérieure de comprendre les situations avec clarté et précision, d'abord pour juger, ensuite distinguer, décider et identifier, en séparant la logique de l'illogique, la vraisemblance de l'invraisemblable, l'homéostasie du chaotique, le positif du négatif, le vrai du faux, le vrai du pas vrai, le juste du faux, le sain du pathologique, le meilleur du mauvais, l'idéal de l'inframédiocre, le primordial du négligeable, la néophilie de la néophobie, le tout nouveau du dépassé, l'ivraie du blé, le rationnel de l'irrationnel, l'exactitude de l'ambiguïté, la sagesse du courage, la prudence de l'imprudence, au-delà du bon sens, de la bonne intention et de la bonne volonté, capable de donner une plus grande réussite, l'équité, le consensus et l'évolution conscientielle à la prise de décision et à la position de la conscience. (*Enciclopédia da Conscienciologia*, 2012, p. 1 320).

Autogestion Evolutive : relative à la gestion évolutive par la conscience elle-même.

Autoexpérience : l'expérience personnelle.

Autoexpérimentation : l'auto-expérimentation est l'une des prémisses du paradigme conscientiel, où le chercheur est le propre laboratoire pour tirer ses propres conclusions.

Autoexpression : l'expression de soi-même.

Autoharcèlement : l'autoharcèlement est la condition ou l'état de la conscience émotionnellement, intellectuellement et énergétiquement prédisposée à se tourmenter soi-même, avec insistance dérangeante et pathologique sur elle-même, sans aucune hygiène conscientielle ni autodiscipline dans ses idées, constituant le terreau idéal pour tout type de harcèlement par autrui. (*Enciclopédia da Conscienciologia*, 2012, p. 1 034).

Automimétisme existentiel : répétition *ad nauseam* des mêmes expériences humaines sur de nombreuses vies physiques.

Autopensénisation : l'autopensénisation est l'élaboration intraconscientielle exclusive de l'acte de penséniser de la conscience, en construisant différentes formes d'idées, de sentiments et de manifestations énergétiques, conjuguées et ininterrompues, en accroissant la compréhension de soi dans les contextes de l'évolution sans fin. (*Enciclopédia da Conscienciologia*, 2012, p. 1 497).

Autopensénité : l'autopensénité est le mécanisme de l'expression incessante de la conscience dans toutes les manifestations personnelles, dans toute dimension conscientielle, étant, par conséquent, la pensenologie le concept (théorie) et le substrat (pratique) de la motivation de la science conscienciologie, champ d'étude non découvert (Année-base : 2006) par les sciences conventionnelles. (*Homo sapiens pacificus*, 2007, p. 209).

Autopensenométrie : la métrie des pensenes personnels.

Autoproéxis : le même que proéxis personnel.

Autoréalité : la réalité personnelle, l'intraconsciencialité.

Autorecherche : l'autorecherche est l'action de rechercher ou d'étudier la conscience par soi-même, en employant tous les outils de recherche disponibles, avec autocritique, autocientificité et lucidité, en étant un des piliers du paradigme conscientiel.

Autorecherchologie : l'autorecherchologie est la Science appliquée aux études ou recherches de la conscience elle-même, en employant tous les outils de recherche disponibles à la fois dans le micro-univers conscientiel et dans le Cosmos. (*Enciclopédia da Conscienciologia*, 2012, p. 1 533).

Autorecyclage communicatif : mouvement de changement intime envers les capacités communicationnelles de la conscience effectuées par elle-même.

Autosabotage graphopensénique : manœuvre, acte ayant pour but la désorganisation, l'échec, d'un projet d'écriture ou l'écriture elle-même, réalisé par soi-même, de manière consciente ou non.

Autoscopie interne : phénomène grâce auquel on a la possibilité de voir à l'intérieur de son corps physique (la conscience se situant en apparence à l'intérieur du cerveau physique ou étant projetée à l'extérieur du corps physique).

Autothérapie : thérapie appliquée para la conscience elle-même.

Autoverbaction : le niveau de verbaction (verbe + action) de la conscience elle-même.

Autovictimique : relatif à l'action de se victimiser.

Bain d'énergie : le bain d'énergie est la sensation de la conscin de recevoir une intense douche d'énergies conscientielles, dans toute la psychosphère personnelle, au mode de forces extérieures jaillissant sur l'holosoma, en renforçant les dispositions physiques et conscientielles, parrainé par une certaine consciex saine, en général protecteur extraphysique avec un objectif parathérapeutique. (*Enciclopédia da Conscienciologia*, 2012, p. 1 849).

Ballonnement : le ballonnement est la sensation d'expansion physique, mais en fait, d'origine extraphysique, ou provenant de l'holochakra, ou énergosoma, de n'importe quelle zone du corps humain, que ce soit le visage, les membres, le tronc, ou même tout l'organisme cellulaire, et qui semble se développer, grossir, dilater et gonfler comme un ballon. (*Enciclopédia da Conscienciologia*, 2012, p. 1 779).

Bilocation physique : phénomène au cours duquel le corps extraphysique du projecteur se matérialise à moitié à l'extérieur du corps et est clairement perçu par d'autres personnes dans leur état de veille physique normale.

Bioénergétique : tout ce qui est relatif aux bioénergies.

Bioénergie : essence du champ énergétique individuel qui émane de chaque être vivant et l'enveloppe.

Catalepsie projective : sensation d'être incapable de mettre le corps physique en mouvement, alors même que la conscience se trouve encore à l'intérieur de celui-ci.

Chakra : un des vortex d'énergie qui composent collectivement le corps énergétique des êtres vivants.

Chercheur-Evolutient : le patient de la conscienciothérapie, chercheur de soi-même avec l'objectif d'évoluer.

Chirurgie parapsychique : procédure par laquelle les mains d'un praticien pénètrent dans le corps du patient sans utiliser d'ustensile chirurgical et sans provoquer de douleur chez le patient. Puis le praticien ôte de la matière organique ou des corps étrangers et nettoie la zone opérée. À la fin de cette procédure, on ne distingue ni blessure ni cicatrice sur la peau du patient. Certains praticiens se servent également de lames non chirurgicales pour ces opérations.

Chronémique : tout ce qui se rapporte au temps.

Clairvoyance à distance : ensemble de mini-projections partielles et instantanées au cours desquelles la capacité visuelle extraphysique de la conscience s'étend et perçoit des êtres immatériels, images, scènes et événements se produisant soit à proximité, soit loin du corps physique.

Clairvoyance : aptitude à percevoir la dimension immatérielle depuis l'intérieur du corps physique.

Communication avec l'au-delà : communication avec d'autres dimensions que la dimension physique, matérielle.

Communication interdimensionnelle : communication entre deux ou plusieurs dimensions de manifestation conscientielle.

Communicologie : la communicologie est la spécialité de la conscienciologie appliquée à la communicabilité de la conscience de toutes les natures et formes, y compris la communication interconscientielle entre les dimensions conscientielles, considérant la projectabilité consciente lucide et les approches de la conscience "entière", holosomatique, multidimensionnelle, holobiographique et holomnémonique. (*Homo sapiens pacificus,* 2007, p. 275).

Conscience extraphysique : être qui n'est plus vivant au sens physique du terme, qui n'a plus de corps physique.

Conscience intraphysique : être ou conscience qui possède un corps physique.

Conscience : en conscienciologie, ce terme est synonyme de mental, ego, soi, essence humaine ou principe intelligent. Également synonyme d'âme ou esprit.

Conscienciocentrologie : la conscienciocentrologie est la spécialité de la conscienciologie appliquée aux études et recherches de la philosophie sociale centralisatrice des objectifs dans la conscience elle-même et dans l'évolution conscientielle, à travers la création et le maintien de l'institution conscienciocentrique (IC) au mode coopératif ou collège conscientiel, au sein de la socin conscienciologique, sur la base du lien conscientiel, du lien professionnel et du double lien. (*Homo sapiens pacificus,* 2007, p. 174).

Consciencioogramme : le conscienciogramme est la feuille de calcul technique des mesures évaluatives du niveau d'évolution de la conscience, le mégatest conscientiel d'après le modèle de *l'Homo sapiens serenissimus,* représentant 100% de l'échelle évolutive, responsable du compte courant egokarmique, positif, exemplaire. (*Homo sapiens pacificus,* 2007, p. 235).

Conscienciologie : science qui étudie la conscience, en particulier l'ensemble de ses propriétés, attributs, compétences, phénomènes, véhicules de manifestation et vies, en s'appuyant sur le paradigme conscientiel.

Conscienciologique : relatif à la conscienciologie.

Conscienciothérapeute : le conscienciothérapeute, homme ou femme, est la conscin médecin ou psychologue, pratiquant de la ténepe, technique de l'interassistance, capable de déclencher le traitement, le soulagement ou la rémission des pathologies et parapathologies des consciences, avec des ressources et des techniques dérivées de la conscienciologie ou plus particulièrement, de la conscienciothérapie. (*Enciclopédia da Conscienciologia*, 2012, p. 2 699).

Conscienciothérapeuticologie : spécialité de la conscienciologie appliquée aux études spécifiques, systématiques, théatiques ou aux recherches et pararecherches, aux expériences et paraexpériences, aux stages du traitement, du soulagement et de la rémission des troubles, pathologies et parapathologies conscientielles, en utilisant les ressources et techniques issues de l'approche de la conscience de manière intégrale, holosomatique, multidimensionnelle, multiexistentielle.

Conscienciothérapeutique : relatif à la conscienciothérapie.

Conscienciothérapie : la conscienciothérapie est la spécialité de la conscienciologie appliquée à l'étude de la thérapie ou le traitement, le soulagement et la rémission des troubles de la conscience, exécuté à partir des ressources et techniques dérivées de l'approche de la conscience "entière", quant aux pathologies et parapathologies. (*Homo sapiens pacificus,* 2007, p. 878).

Consciex : consciex est la conscience extraphysique, le paracitoyen ou paracitoyenne de la société extraphysique. (*Homo sapiens reurbanisatus,* 2003, p. 183).

Conscin : la conscin est la conscience intraphysique, ou humaine, temporairement immergée dans la matière vitalisée ou énergisée. (*Nossa Evolução,* 2010, p. 20).

Cordon d'argent : lien énergétique entre le corps physique et le corps extraphysique, formé à partir du corps énergétique.

Cordon d'or : lien énergétique supposé attacher le corps mental au paracerveau du corps extraphysique.

Coronochakra : (corono + chakra) - le chakra de la voûte crânienne, couronne de l'holochakra.

Corps énergétique : véhicule de manifestation de la conscience qui sert d'interface entre les corps physique et extraphysique ; la partie du corps énergétique qui s'étend au-delà du corps physique est appelée l'aura humaine.

Corps extraphysique : véhicule utilisé par la conscience pour se manifester dans la dimension extraphysique multicouche ; surnommée en conscienciologie psychosoma, mais également connu sous le nom de corps astral, corps émotionnel, double astral, double humain, corps spirituel ou corps subtil, périsprit, entre autres.

Corps mental : le véhicule de manifestation le plus subtil de la conscience.

Cosmoconscience : état intangible et difficilement descriptible de conscience élargie, d'omniscience, qui octroie une vision globale permettant de percevoir, de comprendre et d'apprécier l'intégralité de ce qui est comme un tout.

Cosmoéthique : code de conduite universel qui transcende la subjectivité des religions, politiques, cultures, pays, continents, planètes et dimensions, et qui s'applique par conséquent en toute circonstance, à la fois à l'intérieur et à l'extérieur du corps.

Cosmovisiologie : la cosmovisiologie est la science appliquée à l'étude théatique de la compréhension évolutive de la cosmovision conscienciologique, exhaustive, multidimensionnelle et holosomatique. (*Enciclopédia da Conscienciologia,* 2012, p. 2 955).

Couple évolutif : le couple évolutif est la réunion de 2 consciences, notamment intraphysiques, connexes, mûres et lucides, qui interagissent positivement en visant à la potentialisation planifiée de leurs performances évolutives, à travers la convivialité productive, intégrale, multimodale et constante. (*Manual da Dupla Evolutiva,* 1999, p. 11).

Cours intermissif (CI) : le cours intermissif (CI) est l'ensemble des disciplines enseignées selon des programmes établis en série de cours et d'expériences théatiques, administrées à la consciex après un certain niveau d'évolution lucide, pendant la période de l'intermission consciente, dans le cycle des existences humaines personnelles, en envisageant la complétude existentielle (complexis) du programme existentiel (proéxis) dans la prochaine vie intraphysique. (*Enciclopédia da Conscienciologia,* 2012, p. 3 069).

Cours préparatoire intermittent : le même que cours intermissif (CI).

Cycle multiexistentiel : alternance des existences physiques et extraphysiques.

Déjà-vu : sentiment d'avoir déjà vécu quelque chose alors qu'en réalité, on le découvre pour la première fois dans sa vie physique.

Dépassement évolutif personnel : Acquis ou conquête conscientielle évolutive.

Déperticité : la déperticité est la qualité conscientielle, évolutive, de l'être déperto (dé + per + to), déharcelé, permanent, total, pleinement autoconscient de sa qualité de déperticité dans les tâches d'assistance aux consciences. (*Manual da Proéxis,* 2005, p. 138).

Déperto : le déperto (dé + per + to) est l'être intraphysique, ou être humain déharcelé, permanent, total, homme ou femme, pleinement conscient de sa propre qualité de déperticité, dans les tâches de la mégafraternité aux consciences, capable de servir d'appât intra et extraphysique, assistanciel, lucide, dans la condition d'épicon, tenant un ouvroir extraphysique (ouvex), à travers la pratique quotidienne de la ténepe ou la tâche énergétique personnelle de la solidarité. (*Enciclopédia da Conscienciologia,* 2012, p. 8 000).

Dépertologie : la dépertologie est la spécialité de la conscienciologie qui étudie la déperticité ou la qualité consciente, évolutive, de l'être humain éveillé, qui ne subit plus des harcèlements pathologiques interconscientiels et toutes les conséquences évolutives dommageables de cette condition gênante. (*Projeciologia,* 2009, p. 39).

Dimension extraphysique : monde non-matériel, des consciences extraphysiques, au-delà.

Dimension intraphysique : le même que dimension matérielle.

Duo évolutif : le même que couple évolutif.

Échelle évolutive : l'échelle évolutive des consciences est le méga-résumé de l'évolution consciente, exprimé en pourcentage, à partir du modèle de l'*Homo sapiens serenissimus* (100%) comme ressource d'évaluation progressive personnelle, en plaçant la conscience dans la hiérarchie du moment évolutif et en indiquant le prochain palier du développement personnel.

Ectoplasme : forme dense et physique de bioénergie qui émane des orifices des êtres humains capables d'en produire ; parfois employé par les *poltergeister* pour agir dans l'environnement physique.

Ectoplasmie : le processus d'externalisation de l'ectoplasme.

Égokarma : l'égokarma (ego + karma) est le principe de cause à effet qui intervient dans l'évolution de la conscience, quand il est centré exclusivement sur l'égo lui-même. État du libre arbitre attaché à l'égocentrisme infantile. (*Homo sapiens reurbanisatus,* 2003, p. 1 103).

Énergie conscientielle : l'énergie consciente est l'énergie immanente employée par la conscience dans les pensénisations ou manifestations en général. (*Enciclopédia da Conscienciologia*, 2012, p. 3 635).

Énergosoma : l'énergosoma (l'holochakra) ou le paracorps énergétique de la conscience est l'ensemble des énergies conscientielles structurantes des connexions entre le psychosoma et le soma de la conscience intraphysique. (*Homo sapiens pacificus*, 2007, p. 925).

Énergosomatique : tout ce qui est relatif à l'énergosoma.

Épicon : l'épicon lucide est l'épicentre conscientiel, la conscin-clé, homme ou femme, axant la lucidité comme minipièce du maximécanisme interassistanciel, multidimensionnel, cosmoéthique, à travers une autoconsciencialité avancée, ou, par exemple, du développement actif de l'ouvroir extraphysique (ouvex) au sein de la ténepe. (*Enciclopédia da Conscienciologia*, 2012, p. 3 685).

Équipex (équipe extraphysique) : L'équipex (équipe + extraphysique) est l'ensemble des consciences extraphysiques qualifiées, unies et interactives, opérationnelles dans les entreprises évolutives interdimensionnelles. (*Homo sapiens reurbanisatus*, 2003, p. 112).

Équipin (équipe intraphysique) : Groupe formé par des consciences intraphysiques qui agissent conjointement avec les mêmes objectifs pour leur programme existentiel.

État hypnagogique : état de conscience modifiée précédant l'endormissement.

État hypnopompique : état de conscience modifiée au moment du réveil.

État vibrationnel : le même qu'état vibratoire.

État vibratoire : l'état vibratoire (EV) est la condition technique de dynamisation maximale des énergies de l'énergosoma, au-delà des vibrations lentes du soma, par l'impulsion de la volonté et paraméthodologie spécifique, pour maintenir la paraprophylaxie dans le vécu personnel cosmoéthique, évolutif, de la conscience. (*Enciclopédia da Conscienciologia*, 2012, p. 3 823).

Euphorie extraphysique (Euphorex): l'euforex est la condition d'euphorie extraphysique de la consciex, après la désactivation du soma, générée par l'accomplissement raisonnable de la proéxis, et la conscience projetée. (*Nossa Evolução*, 2010, p. 92).

Évolutiologie : l'évolutiologie est la spécialité de la conscienciologie appliquée aux études de l'évolution des consciences traitée de manière intégrale, holosomatique, multiexistentielle, multidimensionnelle à haut niveau, matière spécifique de l'instructeur évolutif, orientologue, évolutiologue ou paragénéticiste. (*Enciclopédia da Conscienciologia*, 2012, p. 3 941).

Existence intraphysique : vie de la conscience pendant son occupation d'un corps physique.

Expérience de mort imminente (NDE ou EMI) : forme d'expérience forcée hors du corps pouvant se produire quand un individu, dit en état de mort clinique, revient plus tard à lui.

Expérience hors du corps (EHC) : acte par lequel un véhicule de manifestation (soit le corps extraphysique, soit le corps mental) quitte temporairement un autre.

Expérimentologie : l'expérimentologie est la spécialité de la conscienciologie appliquée aux études et recherches des expérimentations évolutives de la conscience dans toutes les formes, natures et catégories. (*Homo sapiens pacificus*, 2007, p. 184).

Extraphysique : qui n'appartient pas à la dimension physique.

Extrapolation parapsychique : l'extrapolation parapsychique est un phénomène sporadique, mais d'importance évolutive car elle est capable de dynamiser le programme existentiel de la conscience.

Force présentielle : la force présentielle est le magnétisme ou l'électricité humaine dérivée de la psychosphère ou de l'holopensene spécifique de la personne, composant l'ensemble des manifestations penséniques, holosomatiques, notamment avec des énergies conscientielles extériorisées, consciemment ou non, intervenant de manière cosmoéthique ou non en cette dimension et d'autres. (*Enciclopédia da Conscienciologia,* 2012, p. 4 240).

Gescons : la gescon, ou la gestation conscientielle, est la productivité évolutive, cosmoéthique et utile de la conscin, centrée sur la réalisation d'œuvres de fraternité vécue de néoidées libertaires, dans le cadre d'œuvres personnelles du programme le plus avancé de la proéxis. (*Enciclopédia da Conscienciologia,* 2012, p. 4 341).

Glossolalie : aptitude à prononcer des mots ou des sons appartenant à une langue inconnue du locuteur, généralement pendant l'extase religieuse.

Graphopensene : le graphopensene est la signature pensénique ou le style particulier de l'auteur, dans toutes les formes d'arts, œuvres et faits personnels. (*Nossa Evolução,* 2010, p. 75).

Graphopensénité : la graphopensénité est la qualité de l'ensemble des graphopensenes de la conscience.

Groupe évolutif : le groupe évolutif est le rassemblement de consciences, plus ou moins lucides, qui évoluent ensemble selon l'affinité de leurs émotions, idées et actes. (*Nossa Evolução,* 2010, p. 13).

Groupekarma : le groupekarma (groupe + karma) est le principe de cause à effet qui intervient dans l'évolution de la conscience lorsqu'elle est centrée sur le groupe d'évolution. État du libre arbitre individuel, attaché au groupe évolutif. (*Nossa Evolução,* 2010, p. 128).

Groupekarmique : référant au groupekarma.

Guérison spirituelle : guérison opérée par des moyens extraphysiques.

Guide aveugle : être immatériel, immature et inexpérimenté qui veut aider quelqu'un d'autre, mais le fait de manière intéressée, subjective et anticosmoéthique, ce qui peut nuire à la personne qu'il cherche à protéger.

Hétéroassistance : assistance faite à autrui.

Hétéroharcèlement : l'hétéroharcèlement est la condition ou l'état de la conscience émotionnellement, intellectuellement et énergétiquement soumise au harcèlement ou à l'insistance impertinente d'une autre conscience inconsciente, énergivore, ou consciente et mal intentionnée. (*Enciclopédia da Conscienciologia,* 2012, p. 4 398).

Hétérorecherche : recherche sur des objets ou sujets étrangers à la conscience elle-même.

Holobiographie : l'holobiographie est l'ensemble des archives personnelles de l'évolution multidimensionnelle de la conscience au long de la sériexis. (*Homo sapiens reurbanisatus,* 2003, p. 85).

Holobiographique : référant à l'holobiographie.

Holokarmologie : l'holokarmologie est la spécialité de la conscienciologie appliquée aux études et recherches du compte courant holokarmique de la conscience en évolution, englobant l'égocentrisme, la groupekarmalité et la polykarmalité. (*Homo sapiens pacificus,* 2007, p. 188).

Holochakra : l'holocrakra est l'enveloppe vibratoire, énergétique, lumineuse, vaporeuse et provisoire qui coexiste structurellement et entoure le corps humain, étroitement liée à l'extériorisation des énergies, au cordon d'argent et aux chakras; agent énergétique intermédiaire entre le psychosoma et le corps humain. (*Projeciologia,* 2009, p. 257).

Holokarma : karma global agissant sur l'évolution de la conscience et comprenant le karma individuel, le karma de groupe et le polykarma.

Holomaturité : maturité globale (physiologique, psychologique et intellectuelle) développée par la conscience lors de son existence multidimensionnelle et multiexistentielle.

Holomaturologie : l'holomaturologie est la science appliquée aux études, connaissances spécifiques, techniques, thématiques ou recherches de la qualité, condition ou caractère de la maturité intégrale, évolutive, cosmoéthique, biologique, psychologique, multidimensionnelle ou holosomatique des consciences, conscins et consciexes, dans toutes les formes de manifestations et les conséquences de l'ego. (*Enciclopédia da Conscienciologia,* 2012, p. 4 494).

Holomémoire : mémoire intégrale de la conscience comportant tous les faits liés à son existence multidimensionnelle et multiexistentielle.

Holomnémonique : l'holomnémonique est la Science appliquée à la réunion théatique de toutes les techniques et catégories de mémoires de conscience stockées de manière intégrale, ininterrompue, multiculturelle, multidimensionnelle, multiexistentielle, multimilléнnaire et holosomatique. (*Enciclopédia da Conscienciologia,* 2012, p. 4 499).

Holopensene : l'holopensene (holo + pen + sen + ene) est l'atmosphère pensénique ou l'environnement intraphysique fixateur de l'ensemble de pensenes agrégées ou consolidées, que ce soit de la conscience seule ou de l'ensemble du groupe évolutif. (*Enciclopédia da Conscienciologia,* 2012, p. 4 506).

Holopensénisation : relatif à l'ensemble du processus d'émission des pensenes.

Holorésomatique : l'holorésomatique est la spécialité de la conscienciologie appliquée aux études et recherches de la renaissance somatique continue de la consciex, à travers l'intra et l'extraphysicalité, impliquant en particulier la parasociologie et la parachronologie. (*Homo sapiens pacificus,* 2007, p. 986).

Holosoma : l'holosoma est l'ensemble des véhicules de manifestation de la conscience : soma, holochakra, psychosoma et mentalsoma; et de la consciex : psychosoma et mentalsoma. (*700 Experimentos da Conscienciologia,* 1994, p. 51).

Holosomatique : l'holosomatique est la spécialité de la conscienciologie appliquée aux études et recherches de l'holosoma, l'ensemble des véhicules de manifestations, les fonctions respectives et les applications cosmoéthiques spécifiques par lesquelles la conscience (conscin ou consciex) se manifeste dans les dimensions intra et extraphysiques. (*Homo sapiens pacificus,* 2007, p. 192).

Homéostaticologie : l'homéostaticologie est la spécialité de la conscienciologie appliquée aux études et recherches des états intégrés et sains, d'harmonie holosomatique.

***Homo sapiens serenissimus* :** l'*Homo sapiens serenissimus* est la conscience, homme ou femme, hautement évoluée, qui a encore besoin de renaître, foyer de sérénité active, antiémotive, exprimant une tranquillité extrême, un équilibre permanent, l'automaîtrise et le soutien plein des énergies avec une holomaturité consciente, l'autodiscernement et cosmoéthique en toutes choses, avec la cosmovision maximale de l'Univers et la vie conscientielle, multidimensionnelle, continue, vivant dans l'anonymat et fournissant une assistance interconscientielle en gros, dans le plus haut niveau. (*Homo sapiens pacificus,* 2007, p. 908).

Holomaturité : l'holomaturité est la qualité de maturité consciente intégrée - biologique, psychologique, holosomatique et multidimensionnelle - de la conscience humaine. (*Homo sapiens reurbanisatus,* 2003, p. 1 098).

Intermissiviste : l'intermissiviste est la consciex élève ou ex-élève d'un cours intermissif (CI) pré-résomatique; cependant, dans l'univers de la conscienciologie, c'est spécifiquement la conscin, homme ou femme, ex-élève autoconscient de ses propres engagements et devoirs évolutifs, variés, convenus au cours pendant les vécus de la période d'avant-naissance intermissive, par l'assistance directe de l'évolutiologue responsable dans cette opportunité extraphysique. (*Enciclopédia da Conscienciologia,* 2012, p. 5 040).

Interprison groupekarmique : l'interprison groupekarmique est l'engagement interconscientiel coercitif résultant d'actions anticosmoéthiques conjointes ou en groupe, la condition d'inséparabilité groupekarmique du principe conscientiel évolutif ou de la conscience. (*Homo sapiens reurbanisatus,* 2003, p. 409).

Intrus : terme qui s'applique à un individu physique ou extraphysique qui, intentionnellement ou non, influence négativement un autre individu par ses pensées, émotions et énergies.

Karma de groupe : décompte karmique d'un individu avec ses proches, c'est-à-dire avec les personnes qu'il connaît ou a connues de manière intime au cours de sa vie actuelle et de vies antérieures, certains de ces êtres étant actuellement extraphysiques.

Karma individuel : décompte karmique ne concernant qu'une personne ; désigne les conséquences sur soi de ses propres actions, en référence à la loi de causalité.

Manichéisme : philosophie dualiste qui sépare le monde selon des principes régissant le bien et le mal.

Materpensene : le materpensene (mater + pen + sen + ene) est l'idée mère, la matrice de tout développement de la thèse, théorie ou essai, le leitmotiv, le pilier maître ou le pensene prédominant dans n'importe quel holopensene. (*Enciclopédia da Conscienciologia,* 2012, p. 5 480).

Maxifraternité : le même que mégafraternité.

Maximécanisme interassistanciel multidimensionnel : système d'évolution holokarmique existant dans les Cosmos, dans lequel toutes les consciences intraphysiques et extraphysiques vivent en interaction cosmoéthique et interassistancielle.

Mégaeuphorisation : la mégaeuphorisation est l'état énergétique déclenché par la volonté résolue de la conscience, conscin ou consciex, par l'exaltation maximale des énergies conscientielles de l'énergosphère ou de l'holosoma, portée au sommet homéostatique de l'harmonisation intime du microunivers conscientiel, avec expansion de la conscience, générant l'aura de santé, sérénité, tranquillité, fraternité universelle, sommet de plénitude et d'autodisposition pour la réalisation interassistancielle, à partir de l'état vibratoire (EV). (*Enciclopédia da Conscienciologia*, 2012, p. 5 627).

Mégafraternité : la mégafraternité est la condition interconsciencielle, universaliste, plus évoluée, fondée sur la fraternité pure de la conscience non pardonnante de ses propres erreurs mais pardonnante de celles d'autrui, objectif inévitable dans l'évolution de toutes les consciences.

Mégatrafar : le mégatrafar (méga + tra + far) est le plus grand trait-fardeau ou le mégadéfaut dans la structure du microunivers de la conscience, consciex, conscin, homme ou femme, responsable de la régression ou stagnation de l'évolution, à partir des principes de la cosmoéthicologie et de l'évolutiologie, évalués de manière individuelle, théatique et prioritaire. (*Enciclopédia da Conscienciologia,* 2012, p. 5 795).

Mégatrafor : le mégatrafor (méga + tra + for) est le trait le plus fort, trait-force ou mégatalent prédominant dans la structure du microunivers de la conscience, capable de soutenir les recyclages évolutifs maximes et le recin, à partir du code personnel de cosmoéthique (CPC), analysé et épuré théatiquement, ainsi que de maintenir le materpensene propulsé à un haut niveau de dynamisme et de constructivité. (*Enciclopédia da Conscienciologia,* 2012, p. 5 807).

Mégatraman : le mégatraman (méga + tra + man) est le trait manquant prépondérant dans la structure du microunivers conscientiel, le trait conscientiel encore inexistant et pas développé.

Mélancolie extraphysique ou mélex: sentiment éprouvé après la mort lorsqu'on n'a pas mené à terme son projet de vie.

Mentalsoma : le mentalsoma est le corps mental ou paracorps du discernement de la conscience; le véhicule de manifestation le plus sophistiqué. (*Nossa Evolução,* 2010, p. 74).

Mentalsomatique : la mentalsomatique est la spécialité de la Conscience appliquée aux études et recherches du mentalsoma, le corps du discernement et ses conséquences évolutives pour la conscience. (*Homo sapiens pacificus,* 2007, p. 196).

Mentalsomatologie : le même que mentalsomatique.

Minipièce d'interassistance : la minipièce interassistantielle est la conscience lucide consacrée au travail d'assistance, interconscientielle, multidimensionnelle et cosmovisiologique du groupe évolutif lui-même, convaincue de la fonction mineure personnelle, mais productive et participative, dans le cadre du maximécanisme de soutien aux conscins et aux consciexes. (*Enciclopédia da Conscienciologia,* 2012, p. 5 928).

Morphopensene : la morphopensene est la formation mentale modelée et organisée par l'énergie et le dynamisme de la pensée (autopensenes), guidée par la volonté et enrichie par l'imagination de la conscience et intraphysique et extraphysique. (*Homo sapiens reurbanisatus,* 2003, p. 252).

Morphopensénique : relatif à morphopensene.

Multiexistentialité : la multiexistentialité est la qualité de la condition d'autoconscience et du vécu continu de la conscience par rapport aux multiples vies, entremêlées, par le biais d'études conscientes de l'holobiographie, d'autorelais et du cycle multiexistentiel personnel. (*Homo sapiens reurbanisatus,* 2003, p. 188).

Nadis : canaux qui relient les chakras à leurs équivalents dans le corps extraphysique ; connus en acupuncture sous le nom de méridiens.

Néoparadigme : relatif au paradigme conscientiel.

Néopensene : le néopensene (neo + pen + sen + ene) est le pensene de la conscience humaine (conscin) lorsqu'il se manifeste par de nouvelles synapses ou des connexions interneuronales (hémisphères corticaux) qui génèrent de nouvelles idées. (*Enciclopédia da Conscienciologia,* 2012, p. 6 101).

Néopensénité : relatif à néopensene.

Néophilie : caractéristique positive qui consiste à être ouvert à de nouvelles idées ou à la nouveauté en général.

Néophobie : caractéristique négative qui consiste à être fermé à de nouvelles idées ou à la nouveauté en général.

Néosynapses : formation de synapses à partir d'une expérience ou de l'étude approfondi d'une thématique spécifique qui déclenchent une réaction conscientielle de compréhension et lucidité.

Niveau évolutif : c'est le niveau personnel de la conscience à un moment évolutif en indiquant le prochain palier du développement personnel.

Ombilicochakra : (ombilical + chakra) - Le chakra ombilical (au-dessus du nombril) ou relatif à la physiologie et la paraphysiologie (abdominaux) de la conscience humaine.

Omniconviviologie : spécialité de la conscienciologie qui étudie la co-existence avec toutes formes de vie et tout ce qui existe sur la planète et le cosmos.

Orienteur évolutif : conscience immatérielle qui se spécialise à l'évolution d'un ou plusieurs individus faisant partie de son groupe karmique et qui coordonne la mise en place du projet de vie avant la renaissance dans la dimension physique.

Orthopensénité : l'orthopensénité est la qualité, l'acte ou l'effet du maintien de l'autopensénisation caractérisée par la prédominance constante des orthopensenes, des pensenes droits ou cosmoéthiques, composant la condition propre à l'holomaturité de la conscience, conscin ou consciex, et à l'unité de la cosmoéthicologie pratique. (*Enciclopédia da Conscienciologia,* 2012, p. 6 327).

Ouverture conscientielle : l'ouverture conscientielle est la condition avancée de la conscin néophile avec ouverture omnilatérale de l'autopensénité à la connaissance de l'évolution de la conscience, capable de réaliser intentionnellement, dans sa propre vie, les techniques évolutives avancées de la conscienciologie, comme la cosmoéthicologie, l'invexis, la ténepe et la déperticité. (*Enciclopédia da Conscienciologia,* 2012, p. 93).

Parabiographique : relatif à la biographie au-delà de la dimension matérielle.

Paracérébral : relatif au paracerveau.

Paracerveau : cerveau du corps extraphysique. Le paracerveau est le cerveau extraphysique du psychosoma à la fois de la conscience sans corps physique, désomée (consciex), résomée (conscin), ou projeté (projeteur ou projetrice) temporairement à travers le psychosoma, avec ou sans lucidité extraphysique complète, étant le centre de contrôle ou le siège de la manifestation mentale dans le paracorps psychosoma. (*Projeciologia,* 2009, p. 560).

Parachronémique : relatif au temps extraphysique.

Parachronologie : la parachronologie est la spécialité de la conscienciologie appliquée à l'étude de la chronologie des manifestations des consciences au-delà de l'intraphysicalité, et vise également les autres dimensions conscientielles et les holobiographies. (*Homo sapiens pacificus,* 2007, p. 200).

Paracognitif : qui concerne au processus de la connaissance, au-delà de la dimension matérielle.

Paracorps : le paracorps est relatif aux corps immatériels de la conscience.

Paradiagnostic : le paradiagnostic est l'ensemble des moyens, procédures, techniques et tests utilisés pour évaluer le niveau évolutif des consciences, par la constatation de la réalité personnelle d'homéostasie holosomatique ou de paratroubles et paradysfonctionnements à travers la parasémiologie. (*Homo sapiens reurbanisatus,* 2003, p. 547).

Paradigme conscientiel : paradigme d'existence proposé par le Dr Waldo Vieira reconnaissant la nature multidimensionnelle et multiexistentielle de l'existence.

Paradroit : le paradroit est la science appliquée aux études techniques, paratechniques, recherches et pararecherches théatiques de l'ensemble de normes, principes et paralois des manifestations conscientielles ou pensénisations justes, intègres, droites, selon le flux cosmoéthique et synchronique du Cosmos, à partir de l'emploi correct de l'énergie immanente (EI), dans le vécu et le paravécu de la mégafraternité. (*Enciclopédia da Conscienciologia,* 2012, p. 6 439).

Parafaits : les faits au-delà de la dimension intraphysique.

Paragénétique : sous-discipline de la conscienciologie qui étudie le codage génétique qui ne se transmet pas d'un individu à un autre (génétique classique), mais d'une vie de la conscience à la suivante et qui se situe dans les corps extraphysique et mental de la conscience.

Para-histoire : la para-histoire est la spécialité de la conscienciologie appliquée aux études et recherches de l'histoire de la conscience et du Cosmos, au-delà de l'autobiographie de la conscin, de cette vie, et de l'histoire humaine, de manière multidimensionnelle, à travers l'extraphysicologie, les rétrocognitions et la projectabilité conscientielle lucide. (*Homo sapiens pacificus,* 2007, p. 203).

Para-historique : relatif à la para-histoire.

Parapathologie : la parapathologie est la spécialité conscienciologique appliquée aux études et recherches de la pathologie des véhicules de manifestation de la conscience ou de l'holosoma (énergosoma, psychosoma, mentalsoma), à l'exclusion du corps humain (soma). (*Homo sapiens pacificus,* 2007, p. 460).

Parapercepciologie : la parapercepciologie est la spécialité de la conscienciologie appliquée aux études et recherches des paraperceptions ou du parapsychisme de la conscience, au-delà des perceptions astreintes ou propres au corps humain (soma), phénomènes qui en découlent et conséquences évolutives. (*Homo sapiens pacificus,* 2007, p. 205).

Paraperception : perception au-delà des sens du corps physique.

Paraprovenance : la paraprovenance est la base extraphysique, originale, personnelle, d'où chaque conscience intraphysique (conscin) procède, avant la résoma, au cours de la période pré-resomatique, quand elle était en condition de conscience extraphysique. (*Enciclopédia da Conscienciologia,* 2012, p. 6 568).

Paraproxémique : la paraproxémique est l'étude de la proximité ou de petites distances extraphysiques, évolutives et conscientielles et leur relation dans la coexistence et la communication de la conscience.

Parapsychique : référant au parapsychisme.

Parapsychisme : le parapsychisme est la tendance évolutive de la conscience de percevoir au-delà des limitations somatiques ou neuropsychiques pour atteindre plus de discernement face à la réalité multidimensionnelle à travers l'utilisation consciente des potentialités des autres véhicules de manifestation et de la maîtrise bioénergétique.

Parapsychose *post-mortem* : état de l'individu immatériel qui n'a pas conscience de ne plus être vivant au sens physique du terme et qui se caractérise par une absence de conscience de soi, par un comportement automatique et souvent par un état de déséquilibre et de confusion provoqué par une incapacité à donner du sens à ses expériences.

Parascientifique : relatif à la parascience, une science au-delà de la dimension matérielle.

Parasémiologie : la parasémiologie est la spécialité de la conscienciologie qui étudie la recherche et l'identification, au-delà de l'intraphysicalité, de la parasymptomatologie et les parasignes des troubles et parapathologies de la conscience considérée comme "intégrale", holosomatique, à travers le parapsychisme et la parapercepciologie. C'est un sous-champ scientifique de la paraclinique. (*Projeciologia,* 2009, p. 42).

Parasocial : tout ce qui se rapporte aux sociétés extraphysiques y compris les relations interpersonnelles.

Parasociété : la société extraphysique.

Parasociologie : la parasociologie est la spécialité de la conscienciologie qui étudie la philosophie, les techniques et la pratique de la socin conscienciologique et des sociexes, ou sociétés extraphysiques des consciexes, et leurs conséquences dans la vie humaine, extraphysique et projective. C'est un sous-champ scientifique de l'holorésomatique.

Parasociologue : le parasociologue est la conscin, spécialisée en parasociologie, étudiante de philosophie, techniques et pratiques de la socin conscienciologique et sociexes, ou sociétés extraphysiques des consciexes, et myriades de conséquences dans la vie humaine, extraphysique et projective.

Parathérapeute : conscience intraphysique ou extraphysique travaillant en équipe avec la parathérapeutique.

Parathérapeutique : la parathérapeutique est la spécialité de la conscienciologie appliquée à l'étude et à la thérapeutique ou aux traitements de troubles pathologiques développés par la conscienciothérapie. (*Homo sapiens pacificus*, 2007, p. 969).

Paratroposphère : zone extraphysique en lien étroit avec la Terre puisqu'elle reproduit l'environnement terrestre et se superpose à la vie humaine ; plus communément appelée plan crustal, plan astral, au-delà ou monde spirituel. Lieu habité par des consciences extraphysiques liées à la Terre.

Paravocabulaire : le vocabulaire des consciences extraphysiques, au-delà de la dimension matérielle.

Pathopensene : le pathopensene (patho + pen + sen + ene) est le pensene pathologique, petit péché mental ou la sale pensée installée, spécifique du trouble conscientiel ou de la conscience intoxiquée par l'anticosmoéthique. (*Enciclopédia da Conscienciologia*, 2012, p. 6 692).

Pensene : le pensene est l'unité de manifestation pratique de la conscience, selon la conscienciologie, en considérant la pensée ou l'idée (conception), le sentiment ou l'émotion, et l'énergie conscientielle, conjointement, de manière indissociable. (*Homo sapiens pacificus*, 2007, p. 208).

Pensénique : relatif à pensene.

Pensénisation : le processus d'émission de la pensene.

Penséniser : acte d'émettre les pensenes.

Pensénité : relatif à la qualité de la pensénisation.

Pensénologique : tout ce qui est relatif aux pensenes.

Période intermittente ou intermittence : période entre les vies intraphysiques.

Phénomènes paranormaux : les phénomènes paranormaux ne sont ni observables, ni explicables scientifiquement par le paradigme matérialiste, mais sont étudiés par la conscienciologie à travers le paradigme conscientiel. Plusieurs phénomènes connus sont liés à l'expansion des perceptions au-delà des sens physiques en raison d'un certain type de déplacement d'un ou plusieurs véhicules de manifestation.

Pluriexistentiel : qui a plusieurs vies humaines ou intraphysiques.

Poltergeist **:** ou esprit frappeur, être immatériel capable d'agir directement dans la dimension physique, par exemple en déplaçant des objets ou en créant des bruits.

Polykarma : décompte karmique d'un individu en relation à toutes les autres consciences physiques et extraphysiques.

Polykarmique : relatif au polykarma.

Précognition : expérience au cours de laquelle un individu capte des informations, scènes, relations, expériences ou événements appartenant au futur.

Principe de l'inséparabilité groupekarmique : c'est la condition, imposée par l'évolution consciente, de l'union existentielle ou expérientielle prolongée, évidemment inévitable, des compagnons d'évolution du même groupekarma, à travers les millénaires.

Proéxis (Programme existentiel) : le proéxis est le programme existentiel, évolutif et personnel de la conscin, établie dans la dimension extraphysique, avant que cette même conscience entre dans l'entonnoir restrictif de la vie humaine ou dans la renaissance intraphysique. (*700 Experimentos da Conscienciologia*, 1994, p. 612).

Proéxologie : spécialité de la conscienciologie appliquée aux études et recherches sur le programme existentiel personnel et collectif des conscins en général, et ses effets évolutifs.

Projectabilité lucide : la projectabilité lucide est la faculté consciente sur laquelle repose la projectiologie laquelle permet à la conscience humaine, sur cette planète, de sortir de son corps physique et d'éprouver la multidimensionnalité. (*O que é a Conscienciologia*, 2005, p. 13).

Projectiologie : sous-discipline de la conscienciologie dédiée à l'étude de la projection de la conscience à l'extérieur du corps physique (expérience hors du corps, EHC).

Projection : acte par lequel un véhicule de manifestation de la conscience quitte un autre.

Prospectivologie : l'étude de tout ce qui concerne le futur.

Protecteurs : terme dénué de connotation mystique ou religieuse employé pour décrire une conscience immatérielle qui veille au bien d'un ou plusieurs individus physiques ; plus connu sous le nom de guide, guide spirituel ou ange gardien.

Psychographie : l'écriture d'une ou de plusieurs consciences extraphysiques médiée par la main d'une conscience intraphysique, parapsychique, alors dit « psychographe ».

Psychosoma : terme employé en conscienciologie pour faire référence au corps extraphysique de manifestation de la conscience ; plus communément appelé périsprit, corps astral, corps émotionnel, double astral, double humain, corps spirituel ou corps subtil.

Psychosomatique : tout ce qui est référent au psychosoma.

Recyclage existentiel ou recexis : le recexis est l'exécution technique de changements substantiels, pour le mieux, dans la vie intra et extraphysique de la personnalité humaine, en vue de l'évolution cosmoéthique. (*Homo sapiens pacificus,* 2007, p. 976).

Recyclage intraconscientiel ou recin : le recin est le recyclage intraconscientiel ou le renouvellement cérébral de la conscience humaine (conscin) par la création de néosynapses ou des connexions interneuronales (névroglies), capables de permettre l'ajustement du programme existentiel (proéxis), l'exécution du recyclage existentiel (recexis), l'inversion existentielle (invexis), l'acquisition de néoidées, néopensenes, hyperpensenes parmi d'autres conquêtes néophiles de la personne lucide motivée. (*Enciclopédia da Conscienciologia,* 2012, p. 7 580).

Recyclage personnel : le même que recin.

***Remote viewing* :** clairvoyance à distance, extase, ne permettant toutefois que de percevoir des êtres, images, scènes et événements dans la dimension physique.

Résoma : la résoma est l'activation et l'encart de la consciex (mentalsoma + psychosoma) dans l'état de la pré-résoma - à travers l'holochakra - dans le soma ou corps humain. (*Projeciologia,* 2009, p. 244).

Résomé/Résomée : la conscience qui renaît dans la dimension intraphysique.

Rétrécissement conscientiel : c'est le rétrécissement intraphysique des attributs personnels imposé à la conscience renaissante sur Terre. (*Nossa Evolução,* 2010, p. 31).

***Rétrocognitarium* :** laboratoire de recherche sur soi spécialement conçu pour provoquer des rétrocognitions.

Rétrocognition : expérience au cours de laquelle l'individu capte ou se rappelle les informations, scènes, relations, expérience ou événements liés à un passé lointain, c'est-à-dire à des vies antérieures.

Rétrocorps : le rétrocorps est le corps d'une vie humaine antérieure de la conscience.

Rétromémoire : la mémoire relative à une ou plusieurs vies antérieures.

Rétropersonnalité : une personnalité relative à une vie antérieure.

Rétrovie : une vie antérieure à la vie actuelle.

Réurbex ou réurbanisation extraphysique : la réurbex ou réurbanisation extraphysique est le changement vers un meilleur environnement des communautés extraphysiques malades, anticosmoéthiquement dégradées, parrainé par les *supersereins,* dans le but de hygiéniser l'holopensene intraphysique des zones des socins sur lesquelles elles exercent une influence antiévolutive et délétère pour l'humanité. (*Homo sapiens reurbanisatus,* 2003, p. 245).

Rêve : succession volontaire d'images et de situations qui défilent dans le mental au cours du sommeil, pouvant être imaginaires ou cauchemardesques, donc déformées et incompréhensibles.

Robotisation existentielle : état de l'individu qui définit mal ses priorités, ne donne pas de sens à sa vie et n'assiste pas son prochain.

Semi-possession bénigne : l'état de possession qui se produit pendant la ténepe, par le protecteur extraphysique qui travaille conjointement avec le ténépessiste dans les actions d'assistance interconscientielle.

Sérénologie : la sérénologie est la spécialité de la conscienciologie appliquée à l'étude de l'*Homo sapiens serenissimus* et de ses caractéristiques et conséquences évolutives qui en découlent. (*Homo sapiens pacificus,* 2007, p. 910).

Sérialité existentielle ou sériexis: enchaînement des vies physiques ; synonyme du terme plus populaire « réincarnations ».

Sériexologie : la sériexologie est la spécialité de la Conscience appliquée à l'étude, recherche et approfondissement des vies en série (successives) ou la sérialité existentielle.

Signalétique énergétique ou parapsychique: la signalétique énergétique ou parapsychique est l'existence, l'identification, l'enregistrement et l'emploi conscient des signes animiques, énergétiques, parapsychiques et personnels, ou la perception transcendante, indéniable, autopersuasive de la présence de consciexes ou d'occurrences extraphysiques, parafaits et paraphénomènes autour de la personne capable de percevoir à la veille physique ordinaire ou de la conscience projetée hors du soma avec lucidité. (*Enciclopédia da Conscienciologia,* 2012, p. 8 038).

Sociex ou société extraphysique: la sociex (soci + ex) est la société extraphysique ou des consciexes, dans les recherches de l'extraphysicologie. (*200 Teáticas da Conscienciologia,* 1997, p. 199).

Socin ou société intraphysique : la socin (soci + in) est la société intraphysique, humaine, ou des conscins, une imitation des réalités des sociexes des dimensions évolutives avancées. (*200 Teáticas da Conscienciologia,* 1997, p. 200).

Soma : terme utilisé en conscienciologie pour faire référence au corps physique de manifestation de la conscience.

Sous-sol de la conscience : phase de la vie physique allant de l'âge de deux ans jusqu'à la fin de l'adolescence environ, caractérisée par un comportement infantile mu par des instincts semblables à ceux des animaux.

Synchronicité : occurrence simultanée d'au moins deux événements n'ayant aucun lien de causalité entre eux, mais dont l'association prend un sens pour la personne qui les perçoit.

Syndrome de l'imposteur : les personnes atteintes du syndrome de l'imposteur expriment une forme de doute maladif consistant essentiellement à nier la propriété de tout accomplissement personnel. Ces personnes rejettent donc plus ou moins systématiquement le mérite lié à leur travail et attribuent le succès de leurs entreprises à des éléments qui leurs sont extérieurs (la chance, leurs relations, des circonstances particulières). Elles se perçoivent souvent comme des dupeurs-nés qui abusent leurs collègues, leurs amis, leurs supérieurs et s'attendent à être démasquées d'un jour à l'autre.

Superserein : superserein est le nom populaire de l'*Homo sapiens serenissimus,* cette conscience qui vit déjà intégralement la condition du sérénisme lucide. (*Nossa Evolução,* 2010, p. 115).

Tacon ou tâche de consolation: la tacon (ta + con) est la tâche de la consolation, assistancielle, personnelle ou du groupe, primaire, au sein de l'interactivité évolutive de la conscience. (*Enciclopédia da Conscienciologia,* 2012, p. 8 311).

Taconiste : la conscience qui pratique la tâche de consolation (tacon).

Tade ou tâche de l'éclaircissement : la tade est le vécu vigilant de l'assistance rationnelle, libertaire, scientifique et cosmoéthique, à son plus haut degré, en faveur des consciences. (*700 Experimentos da Conscienciologia,* 1994, p. 414).

Tadelogie : spécialité de la conscienciologie qui étudie la tade et toutes ses interrelations et conséquences.

Tadistique : tout ce qui est référent à la tade.

Techniques rétrocognitives : techniques appliquées à rechercher les vies antérieures ou périodes intermittentes extraphysiques.

Télépathie : c'est une communication entre deux ou plusieurs consciences qui peuvent être dans l'état intraphysique, extraphysique ou projeté, une paraperception, n'impliquant aucune interaction sensorielle du corps physique.

Téléportation : méthode de transport par laquelle la matière dématérialisée à un endroit, généralement instantanément, se rematérialise ailleurs.

Ténepe : la ténepe (tâche énergétique personnelle) est la transmission d'énergie consciente (EC), d'assistance, individuelle; programmée dans un horaire quotidien, de la conscience humaine, assistée par un protecteur ou plusieurs; à l'état de veille physique ordinaire; directement à des consciexes nécessiteuses ou malades, intangibles et invisibles à la vision humaine commune; ou conscins projétées ou non, proches ou éloignées, aussi nécessiteuses ou malades. (*Manual da Tenepes,* 2011, p. 11).

Théatique : la théatique est l'expérience conjointe de la théorie (1% de la raison raisonnante) et de la pratique (99% du vécu), de la part de la conscience, selon le principe dual de la polarité, étant en soi neutre quant à la cosmoéthique et à l'évolution des consciences. (*Homo sapiens reurbanisatus,* 2003, p. 153).

Thérapeuticologie : spécialité qui concerne les études et recherches des méthodes, techniques soient intraphysiques et extraphysiques, pour le rétablissement de la santé conscientielle.

Trafar : le trafar est le trait-fardeau de la personnalité de la conscin, composante négative de la structure du microunivers conscientiel, capable d'empêcher son évolution consciente (*Homo sapiens pacificus,* 2007, p. 497).

Trait-fardeau : le même que trafar.

Trafor : le trafor est le trait-force de la personnalité de la conscin, composante positive de la structure du microunivers conscientiel, capable de stimuler son évolution consciente. (*Homo sapiens pacificus,* 2007, p. 496).

Traman : le même que trait-manquant.

Transfert d'énergie : transmission consciente d'énergie.

Tridotation conscientielle : la tridotation conscientielle est la qualité des 3 talents conjugués les plus utiles au conscienciologue : l'intellectualité, le parapsychisme et la communicabilité. (*Nossa Evolução,* 2010, p. 140).

Unicon : l'unicon est l'unité hypothétique de mesure du niveau de lucidité de la conscience (conscin ou consciex), dans sa condition personnelle quant à l'hyperacuité, correspondant à 1 millième de sa réalité intégrale et lucide. (*200 Teáticas da Conscienciologia,* 1997, p. 60).

Véhicule de manifestation : instrument ou corps par lequel la conscience se manifeste dans l'intraphysicalité (conscin) et dans les dimensions extraphysiques (conscin projetée et consciex).

Verbaction (Verbe + Action) : la verbaction (verbe + action) est l'interaction pratique du verbe et de l'action dans le comportement cohérent de la conscience; résultat de la parole ratifiée par l'exemple à travers les témoignages vécus par la conscin. (*Nossa Evolução,* 2010, p. 140).

Verpon : la verpon, ou vérité relative de pointe, est la concordance entre le néopensene, l'expression du néopensene (forme) et l'objet du néopensene (contenu), ou la nouvelle réalité (fait) ou pararéalité (parafait) est une évidence pour la conscin (autoconviction) selon le principe de l'incrédulité, obtenue par les recherches de la conscienciologie. (*Enciclopédia da Conscienciologia*, 2012, p. 8 831).

Vision panoramique projective : expérience au cours de laquelle des scènes de la vie d'un individu ou toute sa vie semblent défiler devant lui.

Xénoglossie : aptitude à parler une langue n'ayant pas été apprise dans la vie actuelle.

Xénographie : aptitude à écrire dans une langue n'ayant pas été apprise dans la vie actuelle.

BIBLIOGRAPHIE DU GLOSSAIRE

1. **Gustus,** Sandie ; ***L'expérience hors du corps - Un outil puissant pour explorer la vraie nature de la conscience ;*** 321 p. ; 4 parties ; 18 chaps. ; 1 photo ; 1 microbiographie ; 22 x 15 cm ; br. ; *Exergue* ; Paris, 2016.

2. **Pinheiro,** Lourdes ; ***Dicionário de Neologismos da Conscienciologia ;*** org. Lourdes Pinheiro ; réviseurs Ernani Brito ; et al. ; 1 072 p. ; 1 blog ; 21 Courriels ; 4 053 énus. ; 1 facebook ; 2 photos ; glos. 2 019 termes ; 14 100 (termes neológiques) ; 1 liste de néologismes ; 1 microbiographie ; 21 sites web ; 61 réfs. ; 28,5 x 21,5 x 7 cm ; enc. ; *Associação Internacional Editares* ; Foz do Iguaçu, PR ; 2014. *(Néologismes traduits en Français, par la commission de révision de cette édition spéciale).*

Tipos de Contribuições Aceitas

1. **Originais.** Artigos originais que contenham pesquisas experimentais, biografias, revisões, entre outros.

2. **Resenhas.** Análise crítica de eventos científicos nacionais ou internacionais, de textos publicados, de filmes ou documentários e de *websites* relacionados aos temas conscienciais.

3. **Entrevistas.** Entrevistas com personalidades de competência reconhecida que contribuam de modo teórico e prático (teática) e exemplarista para a ciência da consciência e temas correlatos.

4. **Relatos.** Relatos de experiências pessoais, abrangendo preferencialmente fenômenos parapsíquicos, experiências fora do corpo, retro e precognições, entre outros.

5. **Cartas.** Divulgação de correspondências ao editor contendo sugestões e / ou avaliações sobre textos publicados na *Conscientia,* notícias sobre pesquisas em andamento e eventos de interesse.

Apresentação do artigo

1. **Folha de Identificação.** Deverá conter: título do trabalho, nome, sobrenome, qualificação profissional, endereço, *e-mail*, nome da instituição a qual está vinculado.

2. **Resumo.** O resumo, no máximo com 150 palavras, deverá conter uma sinopse do tema pesquisado, objetivo, método, resultados, discussão e conclusões.

3. **Palavras-chave.** Em cada artigo deverão ser indicadas de 3 a 6 palavras-chave no idioma do artigo.

4. **Estrutura.** O artigo deve incluir 3 partes:

a. **Argumentos preliminares ou introdução:** apresentação do contexto da pesquisa, dos objetivos, da metodologia de elaboração (como pretendeu alcançar o objetivo, incluindo materiais e métodos) e da organização das partes do trabalho.

b. **Desenvolvimento:** segmentado em seções por blocos de assuntos contemplando definições, fundamentos, argumentações, técnicas e resultados.

c. **Argumentações conclusivas:** fechamento do texto relacionando o objetivo do trabalho à pesquisa desenvolvida já apresentados no decorrer do texto, podendo incluir prospectiva quanto à pesquisa realizada.

5. **Citações.** Citações diretas devem ser transcritas entre aspas e seguidas pelo sobrenome do autor, data da publicação e página(s). Exemplo: "..." (Vieira, 1994, p. 111). Citações longas, com mais de 50 palavras, devem ser transcritas em parágrafo próprio, sem aspas, com recuo de 4 cm, da margem esquerda, em espaço 1 (simples) e fonte reduzida.

6. **Referências.** As referências citadas nos textos devem ser dispostas em ordem alfabética e seguir os critérios da *Enciclopédia da Conscienciologia*. Devem ser referenciados todos os autores quando até três. Acima desse número, cita-se o primeiro e, a seguir, cols. (pode-se utilizar a abreviatura em Latim *et al.*). Devem ser incluídas nas referências apenas autores citados no trabalho. Outros trabalhos podem ser incluídos na condição de bibliografia consultada.

7. **Figuras e Tabelas.** Devem ser incluídas quando indispensáveis para a efetiva compreensão do texto e dos dados. Devem ser autoexplicativas, ter boa qualidade e apresentar legenda e indicação da fonte, quando for o caso. Devem ser elaboradas conforme as normas da *Enciclopédia da Conscienciologia* (EC) Tanto as figuras quanto as tabelas devem ser numeradas, com algarismos arábicos, na ordem em que aparecem no texto. As figuras podem ser enviadas em arquivo *.jpg* ou *.tif*, à parte, com resolução de pelo menos 300 dpi.

8. **Notação.** Utiliza-se a notação a.e.c. para datas referentes ao período antes da era comum e e.c. para datas da era comum.

Critérios de Publicação

01. **Conselho Editorial.** A publicação de trabalhos na *Conscientia* está condicionada à aprovação do Conselho Editorial, conforme indicado na contracapa de cada exemplar.

02. **Adequação.** Os autores dos artigos aceitos para publicação poderão ser solicitados a adequar o texto às normas de publicação e perspectiva editorial da revista *Conscientia.*

03. **Norma-padrão.** A forma escrita dos artigos submetidos para publicação deve estar em conformidade com a norma-padrão do idioma português.

04. **Neologismos.** Neologismos da Conscienciologia devem ser convalidados pelas normas do Conselho Internacional de Neologística (CINEO).

05. **Declaração.** O autor deverá enviar, junto com o artigo, declaração autorizando a publicação e cedendo os direitos autorais do trabalho à revista *Conscientia.*

06. **Exemplar.** O autor principal, aquele registrado em primeiro lugar, de cada artigo publicado receberá 1 exemplar da revista na qual o trabalho foi publicado.

07. **Numeração de Páginas.** Todas as páginas, com exceção daquela de título, devem ser numeradas.

08. **Reprodução.** A reprodução dos trabalhos publicados na revista é permitida desde que citada a fonte.

09. **Responsabilidade.** Os textos publicados são de responsabilidade dos autores e não necessariamente representam a perspectiva da revista *Conscientia* ou do CEAEC.

10. **Separatas.** Pedidos de separatas deverão ser feitos com antecedência pelo autor responsável. Nesse caso, este receberá um exemplar na qual o trabalho foi publicado.

11. **Frase enfática.** O recurso de frases enfáticas deve estar formatados em até 4 linhas e fonte arial tamanho 16.

Encaminhamento. Os artigos podem ser encaminhados por *e-mail* e / ou postados através de correio, em mídia eletrônica, preferencialmente acompanhados de 3 (três) cópias impressas. Os textos devem ser compatíveis com *LibreOffice Writer* (.odt), *rich text format* (.rtf) ou *Word* (.doc/.docx) e não ter formatações como separação de sílabas, hifenização ou eliminação de *letras viúvas.* O título deve ser em negrito e centralizado. Pede-se transcrever em *Liberation Serif* ou *Times New Roman*, fonte 12, espaçamento 1,5, margens de 3 cm, em até 20 páginas A4.

Endereço. Centro de Altos Estudos da Conscienciologia (CEAEC), rua da Cosmoética, 1511, Cognópolis, Foz do Iguaçu, PR - CEP: 85.853-755 - Brasil.

E-mail: revistaconscientia@ceaec.org

Atenção. Todos os trabalhos devem vir acompanhados de uma carta de apresentação especificando o tipo de trabalho.

Types of Contributions Accepted

1. **Originals**. Original articles that contain empirical research, biographies, reviews, among others.

2. **Reviews.** Critical analysis of national or international scientific events, works published, films or documentaries, and websites related to Conscientiology themes.

3. **Interviews.** Interviews with people of recognized competence who contribute to some Conscientiology subdiscipline in a theoretical, practical and exemplary way.

4. **Self-research.** Reports on personal experiences, preferably narrating parapsychic phenomena, OBEs, retrocognitions and precognitions, among others.

5. **Letters.** Publishing of letters sent to the editor with suggestions and/or evaluations of *Conscientia´*s texts, news about ongoing researches and interesting events.

Submission of Articles

1. **Identification Sheet.** It should contain: title of the paper in Portuguese and English ; the author's full name, qualifications, address and e-mail ; the name of the institution to which the researcher is connected to.

2. **Abstract.** The abstract, limited to a maximum of 150 words, should contain a synopsis of the study, its objectives, methodology, results, discussion and conclusions.

3. **Keyword.** In each paper, a set of 3 to 6 keywords must be indicated in the article´s original language.

4. **Structure.** The article should be organized in the following order:

a. **Preliminary argument / introduction:** presentation of the research context, purposes, organization of the topics and methodology (strategy, materials and methods).

b. **Body of the text.**

c. **Conclusive arguments:** the text´s conclusion should relate the study´s objective to the research undertaken.

5. **Citations.** Quotations must be given in quotes and followed by the author´s surname, date of publication and page(s). Example: "…" (Vieira, 1994, p. 111). Long quotations, with more than 50 words, should be transcribed in a single paragraph, with no quotation marks, 4cm from the left margin, single space and reduced size.

6. **References.** The references cited in the text should be arranged in alphabetical order and follow the criteria of the Encyclopedia of Conscientiology. *Et al* should only be used after the name of the main author when there are more than 3 (three), otherwise, all of them must be mentioned. As references, only authors quoted in the paper should be included. Other works may be cited as consulted literature.

7. **Illustrations and Tables.** These should be included when essential for the effective understanding of the text and the data. They must be readily intelligible, developed according to the rules of *Enciclopédia da Conscienciologia* (EC), present good quality, and provide caption and details of the source, if applicable. Both illustrations and tables must be numbered with consecutive Arabic numerals. The illustrations should be sent apart, in *.jpg* or *.tif* file, with resolution of at least 300 dpi.

8. **Notation.** The notation B.C.E. is used for dates referring to the period before the Common Era, and C.E. for dates of the Common Era.

Criteria for Publication

01. **Editorial Board.** The publication of works in *Conscientia* is subjected to the approval of the Editorial Board as indicated in the back of each journal copy.

02. **Adaptation.** The authors of articles accepted for publication may be requested to adjust the text to the standards of publishing and the editorial perspective of *Conscientia*.

03. **Standard Format.** The written format of the articles submitted for publication should be in agreement with the Portuguese standard format.

04. **Neologisms.** Neologisms of Conscientiology must be authenticated by the standards of the International Council of Neologistics (CINEO).

05. **Statement.** The author must send, along with the article, a statement authorizing the publication and signing over the copyrights of that work to *Conscientia*.

06. **Exemplar.** The main author of each article will receive a copy of the journal in which the study was published.

07. **Page Numbering.** All pages, except the title one, must be numbered.

08. **Reproduction**. The reproduction of papers published in the journal is permitted under the citation of the source.

09. **Responsibility**. The authors of the texts published assume the responsibility for their content, which do not necessarily represent the view of *Conscientia* or of CEAEC.

10. **Reprints**. Requests for reprints should be made in advance by the responsible authority. In this case, the person will receive 1 copy in which the paper was published.

11. **Emphatic sentence.** The use of emphatic sentences must be formatted in up to 4 lines, *Arial* typeface, size 16.

Submission. The articles may be sent by e-mail and/or posted by mail, in electronic media, LibreOffice Writer (.odt), MS Word (.doc/.docx) or text (.rtf) format, preferably with 3 printed copies. There should be no formatting such as separation of syllables, hyphen or elimination of single letters at the end of the line. Headings should be bold and centered. *Liberation Serif* or *Times New Roman* typeface must be used in size 12, spacing 1.5, margins of 3cm, up to 20 *A4* pages.

Address. Centro de Altos Estudos da Conscienciologia (CEAEC), Rua da Cosmoética, 1635, Cognópolis, Foz do Iguaçu, PR – CEP: 85853-755, Brasil.

E-mail: revistaconscientia@ceaec.org

Attention. All papers must be accompanied by a letter specifying the type of presentation of work and the transfer of copyright to *Conscientia*.

www.ingramcontent.com/pod-product-compliance
Lightning Source LLC
LaVergne TN
LVHW080601160826
845677LV00010B/1941

* 9 7 9 8 4 8 7 4 6 3 0 4 3 *